STARK

KOMPAKT-WISSEN
MATHEMATIK *Abitur*

Alfred Müller

Analysis

STARK

Bildnachweis
Umschlagbild: Landesamt für Straßenwesen Baden-Württemberg

ISBN: 3-89449-586-3

Inhalt

Fortsetzung siehe nächste Seite

Autor: Alfred Müller

Vorwort

Liebe Schülerinnen und Schüler,

dieser Band der Reihe „Kompakt-Wissen“ bietet Ihnen den Unterrichtsstoff der Analysis (Infinitesimalrechnung) als Fortsetzung der Algebra der Mittelstufe in komprimierter Form, wobei besonders das für die Abiturprüfung notwendige Wissen enthalten ist.

- Der prüfungsrelevante Unterrichtsstoff wird **verständlich erklärt**.
- Wichtige **Definitionen, Merksätze** und **Anleitungen zur Berechnung von Aufgaben** sind hervorgehoben. **Graphen von Funktionen** veranschaulichen den Unterrichtsstoff zusätzlich.
- Charakteristische und prägnante **Beispiele** aus der Unterrichtspraxis verdeutlichen die jeweiligen Stoffinhalte.
- Das **Stichwortverzeichnis** führt schnell und treffsicher zum jeweiligen Stoffinhalt.

Dieses Buch ist somit ideal geeignet zum schnellen Nachschlagen von Begriffen, zur zeitsparenden Wiederholung von Unterrichtsstoff und zur Vorbereitung auf Klausuren und auf die Abiturprüfung.

Alfred Müller

Reelle Funktionen

In der Analysis werden als wesentliche Inhalte Funktionen, ihre Eigenschaften und ihre Anwendungen auf mathematische und außermathematische Probleme betrachtet.
Im Folgenden werden von der Definition der Funktion ausgehend grundlegende Begriffe geklärt und Verknüpfungen der Funktionen aus dem Katalog der Elementarfunktionen und die daraus gewonnenen Eigenschaften reeller Funktionen untersucht.

1 Definition und Grundbegriffe

Funktion
Eine **Funktion f** ordnet die Elemente einer Menge D_f **(Definitionsmenge)** eindeutig den Elementen einer Menge W_f **(Wertemenge)** zu.
Die Funktion heißt **reelle Funktion**, wenn D_f und W_f Teilmengen der Menge der reellen Zahlen sind, d. h. $D_f \subseteq \mathbb{R}$ und $W_f \subseteq \mathbb{R}$ gelten.

Man schreibt:

$f: x \mapsto f(x)$	Funktionszuordnung
$y = f(x)$	Funktionsgleichung
$f = \{(x \mid y) \mid x \in D_f \wedge y \in W_f \wedge y = f(x)\}$	Funktion

Die Variable $x \in D_f$ wird **unabhängige** Variable genannt. Die Variable y ist **abhängig** davon, was für x in den Funktionsterm f(x) eingesetzt wird und heißt **Funktionswert**. Die zusammengehörenden Paare $(x \mid y)$ kann man in ein rechtwinkliges (kartesisches) **Koordinatensystem** eintragen. Es ergibt sich der **Graph G_f** der Funktion f.

Beispiel $f: x \mapsto \frac{1}{2}x^2 - x - \frac{3}{2}$ bzw.

$y = f(x) = \frac{1}{2}x^2 - x - \frac{3}{2}$, $D_f = \mathbb{R}$, $W_f = [-2; \infty]$

Graph:

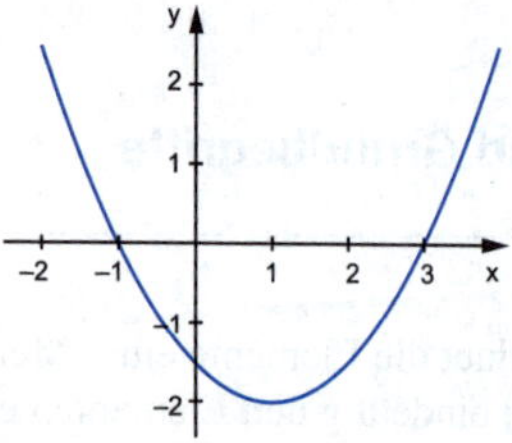

Anhand des Graphen klären wir weitere **Grundbegriffe**:

> **Schnittpunkte mit den Achsen**
> Schnittpunkte mit der **x-Achse (Nullstellen)**: $y = f(x) = 0$
> Schnittpunkte mit der **y-Achse**: $x = 0$

Beispiel Für die Funktion mit der Gleichung $f(x) = \frac{1}{2}x^2 - x - \frac{3}{2}$ bedeutet dies:

1. $\frac{1}{2}x^2 - x - \frac{3}{2} = 0 \;\Rightarrow\; x = -1 \vee x = 3$

   Somit schneidet der Graph von f die x-Achse in den Punkten $N_1(-1 \mid 0)$, $N_2(3 \mid 0)$.

2. $y = f(0) = -\frac{3}{2}$

   Also schneidet der Graph von f die y-Achse im Punkt $T\left(0 \;\middle|\; -\frac{3}{2}\right)$.

Monotonie
Eine Funktion f heißt **monoton zunehmend** oder **steigend** (**abnehmend** oder **fallend**), wenn für alle $x_1, x_2 \in D_f$ gilt:
$x_1 \leq x_2 \;\Rightarrow\; f(x_1) \leq f(x_2) \quad (x_1 \leq x_2 \;\Rightarrow\; f(x_1) \geq f(x_2))$
Sie heißt **streng monoton zunehmend** oder **steigend** (**abnehmend** oder **fallend**), wenn für alle $x_1, x_2 \in D_f$ gilt:
$x_1 < x_2 \;\Rightarrow\; f(x_1) < f(x_2) \quad (x_1 < x_2 \;\Rightarrow\; f(x_1) > f(x_2))$
Der Graph G_f **steigt (fällt)** dann streng monoton.

Anschaulich:

Der Graph G_f steigt streng monoton, wenn in Richtung wachsender x-Werte die y-Werte zunehmen.

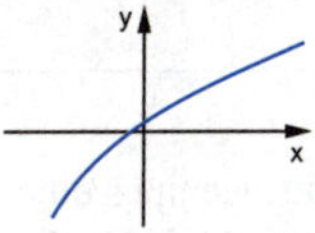

Der Graph G_f fällt streng monoton, wenn in Richtung wachsender x-Werte die y-Werte abnehmen.

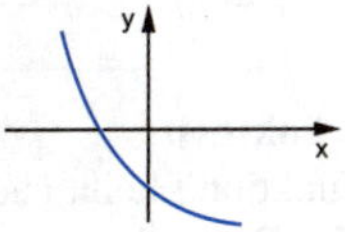

Beispiel

Der Graph der Funktion f mit der Gleichung $f(x) = \frac{1}{2}x^2 - x - \frac{3}{2}$ ist für $x < 1$, d. h. für $x \in\,]-\infty; 1[$ streng monoton abnehmend und für $x > 1$, d. h. für $x \in\,]1; \infty[$ streng monoton zunehmend.

Extremwerte
Eine Funktion hat an der Stelle x_0 ein **relatives Maximum (Minimum)**, wenn die Funktionswerte (y-Werte) in einer Umgebung von x_0 kleiner (größer) als der Funktionswert $f(x_0)$ sind. Der größte (kleinste) Funktionswert in der Definitionsmenge D_f ist ein **absolutes (globales) Maximum (Minimum)**. Der Graph besitzt einen **Hochpunkt (Tiefpunkt)**.

Beispiel Für $f(x) = \frac{1}{2}x^2 - x - \frac{3}{2}$ gilt:

Für x = 1 liegt ein (relatives) Minimum vor, weil f(1) = –2 der kleinste Wert der Funktion f ist. Der Graph G_f hat den Tiefpunkt T(1 | 2).

Beschränktheit
Eine Funktion f heißt nach **oben beschränkt**, wenn es eine Zahl $K \in \mathbb{R}$ so gibt, dass für alle $x \in D_f$ gilt: $f(x) \leq K$. In diesem Fall heißt K eine **obere Schranke** für f.
Eine Funktion f heißt nach **unten beschränkt**, wenn es eine Zahl $k \in \mathbb{R}$ so gibt, dass für alle $x \in D_f$ gilt: $f(x) \geq k$. In diesem Fall heißt k eine untere Schranke für f.
Die kleinste **obere Schranke** heißt **Supremum S**, die größte untere Schranke **Infimum I**.

Beispiel

1. $f(x) = \frac{1}{2}x^2 - x - \frac{3}{2}$
   ist nach unten beschränkt mit dem Infimum $I = -2 \wedge I \in W_f$
2. $f\colon x \mapsto f(x) = -\frac{1}{x^2}, x \in \mathbb{R}$,
   ist nach oben beschränkt mit dem Supremum
   $S = 0 \wedge S \notin W_f$
3. $f\colon x \mapsto f(x) = \sin x, x \in \mathbb{R}$,
   ist nach oben und nach unten beschränkt mit dem Supremum $S = 1 \wedge S \in W_f$ und dem Infimum $I = -1 \wedge I \in W_f$

Achsensymmetrie

Der Graph G_f einer Funktion f ist **achsensymmetrisch**

zur **y-Achse**, wenn für alle $x \in D_f$ gilt: $f(-x) = f(x)$
Eine solche Funktion heißt eine **gerade** Funktion.

zur **Geraden x = a**, wenn für alle $x \in D_f$ und $d \neq 0$ gilt:
$f(a+d) = f(a-d)$
(Die Funktionswerte zu symmetrischen x-Werten sind gleich.)

Beispiel

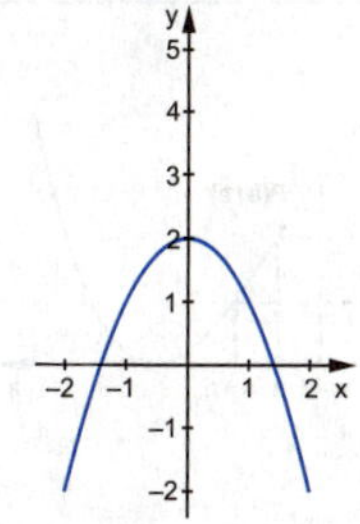

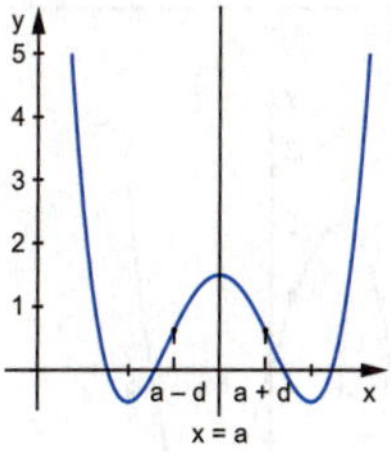

Der Graph G_f der Funktion mit

$y = f(x) = \frac{1}{2}x^2 - x - \frac{3}{2}$

ist symmetrisch zur Geraden x = 1 (Parallele zur y-Achse durch den Tiefpunkt $T(1\,|\,-2)$).

Punktsymmetrie

Der Graph G_f einer Funktion f ist **punktsymmetrisch**

zum **Ursprung O(0 | 0)**, wenn für alle $x \in D_f$ gilt: $f(-x) = -f(x)$ Eine solche Funktion heißt eine **ungerade** Funktion.

zum **Punkt P(a | b)**, wenn für alle $x \in D_f$ und $d \neq 0$ gilt:
$f(a-d) - b = b - f(a+d)$
$\Rightarrow \quad f(a+d) + f(a-d) = 2b$
Der Punkt P ist Mittelpunkt zu jeweils zwei symmetrischen Punkten.

Beispiel

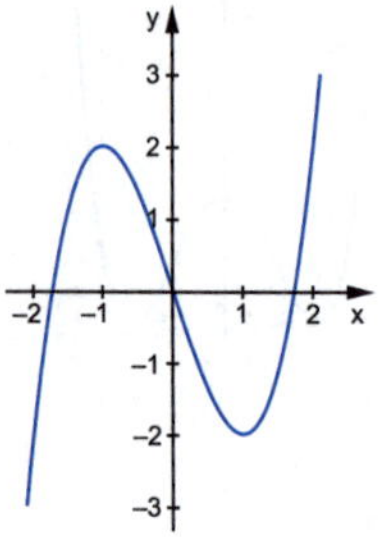

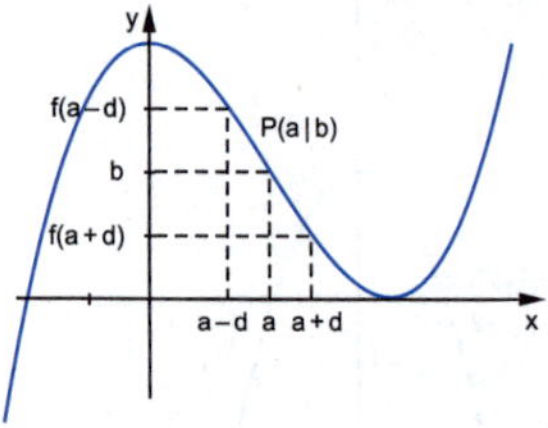

Periodische Funktionen

Eine Funktion f heißt periodisch, wenn es eine Zahl $p > 0$ gibt, sodass für alle $x \in D_f$ gilt: $f(x+p) = f(x)$, d. h. die y-Werte wiederholen sich jeweils nach p Einheiten.

Beispiel Der Graph der gezeichneten Funktion $f: x \mapsto \sin x + 2\cos x$ hat die Periode $p = 2\pi$.

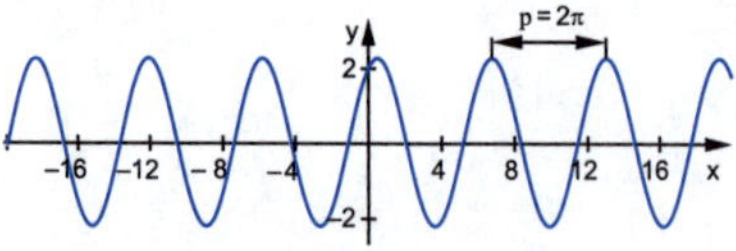

Asymptoten
Eine Funktion f hat eine Gerade als Asymptote, wenn sich der Graph G_f im Unendlichen an diese Gerade annähert.

Beispiel

Der Graph der gezeichneten Funktion
$f\colon x \mapsto \frac{2x+3}{x-1}, D_f = \mathbb{R} \setminus \{1\}$
hat die vertikale (senkrechte) Asymptote $x = 1$ und die horizontale (waagrechte) Asymptote $y = 2$, weil
$\lim\limits_{x \to 1 \pm 0} f(x) = \pm\infty$ und
$\lim\limits_{x \to \pm\infty} f(x) = 2$ gilt.

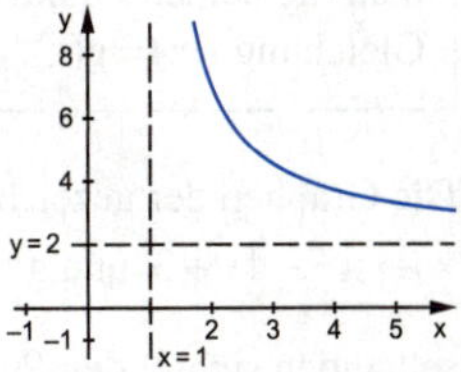

Der Graph der gezeichneten Funktion
$f\colon x \mapsto \frac{2x^2-x-2}{x-1}, D_f = \mathbb{R} \setminus \{1\}$
hat die schiefe Asymptote $y = 2x + 1$ und die vertikale Asymptote $x = 1$
$(\lim\limits_{x \to 1 \pm 0} f(x) = \mp\infty)$.

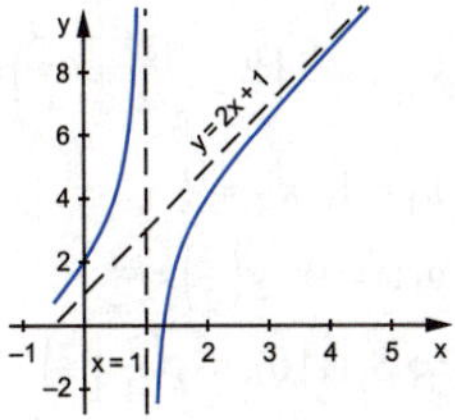

Die schiefe Asymptote erhält man aus der Polynomdivision von Zähler durch Nenner:

$$
\begin{array}{l}
(2x^2 - x - 2) : (x-1) = 2x + 1 - \frac{1}{x-1} \\
\underline{-(2x^2 - 2x)} \\
\qquad\quad x - 2 \\
\qquad \underline{-(x-1)} \\
\qquad\qquad -1
\end{array}
$$

$y = 2x + 1$ ist schiefe Asymptote, weil $\lim\limits_{x \to \pm\infty} \frac{1}{x-1} = 0$ gilt und der Graph sich somit an diese Gerade annähert.

Schnittpunkte zweier Funktionsgraphen
In einem Schnittpunkt $S(x_0 \mid y_0)$ der Graphen G_f und G_g zweier Funktionen f und g muss gelten: $y_0 = f(x_0) = g(x_0)$, d. h. zur Bestimmung der x-Werte der Schnittpunkte setzt man die beiden Funktionsterme gleich und löst dann die Gleichung $f(x) = g(x)$.

Beispiel Die Graphen der gezeichneten Funktionen f: $x \mapsto x^2 - 4x + 3$ und g: $x \mapsto \frac{1}{2}x - \frac{1}{2}$

schneiden sich in den Punkten $S_1(1 \mid 0)$ und $S_2\left(\frac{7}{2} \,\middle|\, \frac{5}{4}\right)$, weil

$f(x) = g(x) \quad \Rightarrow \quad x^2 - 4x + 3 = \frac{1}{2}x - \frac{1}{2}$

$x^2 - \frac{9}{2}x + \frac{7}{2} = 0$

$x_{1/2} = \frac{1}{2}\left(\frac{9}{2} \pm \sqrt{\frac{81}{4} - \frac{56}{4}}\right) = \frac{1}{2}\left(\frac{9}{2} \pm \frac{5}{2}\right)$

$x_1 = 1;\ x_2 = \frac{7}{2}$

$g(1) = 0;\ g\left(\frac{7}{2}\right) = \frac{5}{4}$

$\Rightarrow S_1(1 \mid 0);\ S_2\left(\frac{7}{2} \,\middle|\, \frac{5}{4}\right)$

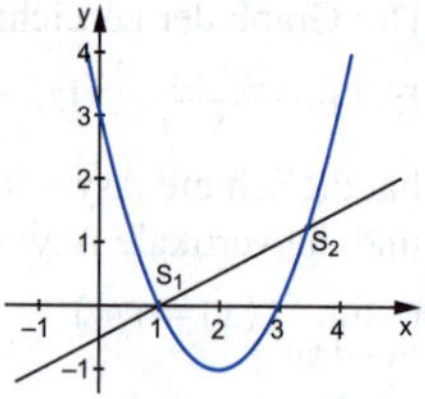

2 Katalog der Elementarfunktionen

(1) **Lineare Funktion**

$f: x \mapsto x \quad (y = x)$
$D_f = \mathbb{R};\ W_f = \mathbb{R}$

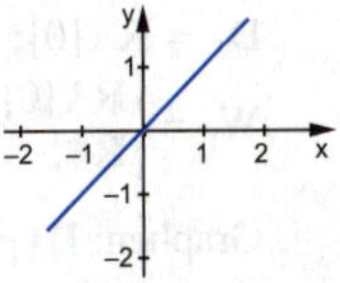

(2) **Betragsfunktion**

$f: x \mapsto |x| \quad (y = |x|)$

$y = |x| = \begin{cases} x & \text{für } x \geq x_0 \\ -x & \text{für } x < x_0 \end{cases}$

$D_f = \mathbb{R};\ W_f = \mathbb{R}_0^+$

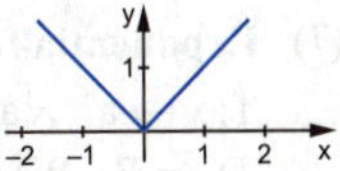

(3) **Quadratische Funktion**

$f: x \mapsto x^2 \quad (y = x^2)$
$D_f = \mathbb{R};\ W_f = \mathbb{R}_0^+$

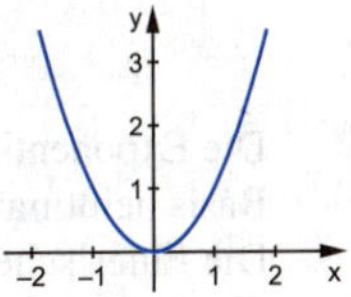

(4) **Wurzelfunktion**

$f: x \mapsto \sqrt{x} \quad (y = \sqrt{x})$
$D_f = \mathbb{R}_0^+;\ W_f = \mathbb{R}_0^+$

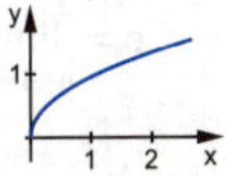

(5) **Potenzfunktion**

$f: x \mapsto x^n \wedge n \in \mathbb{N}$
$\wedge\ n \geq 3$

$D_f = \mathbb{R};$

$W_f = \begin{cases} \mathbb{R}, & n \text{ ungerade} \\ \mathbb{R}_0^+, & n \text{ gerade} \end{cases}$

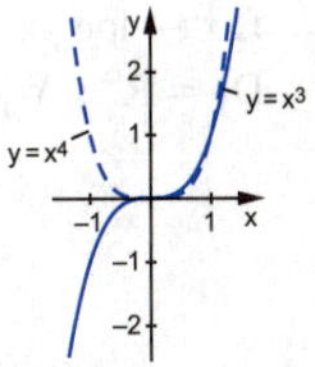

Graphen: **Parabeln**

(6) **Potenzfunktion**

$f: x \mapsto x^{-n} \wedge n \in \mathbb{N}$

$D_f = \mathbb{R} \setminus \{0\};$

$W_f = \begin{cases} \mathbb{R} \setminus \{0\}, & n \text{ ungerade} \\ \mathbb{R}^+, & n \text{ gerade} \end{cases}$

Graphen: **Hyperbeln**

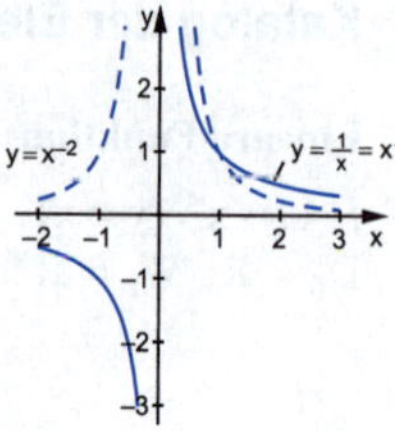

(7) **Exponentialfunktion**

$f: x \mapsto a^x \wedge a \in \mathbb{R} \setminus \{1\}$

$D_f = \mathbb{R};\ W_f = \mathbb{R}^+$

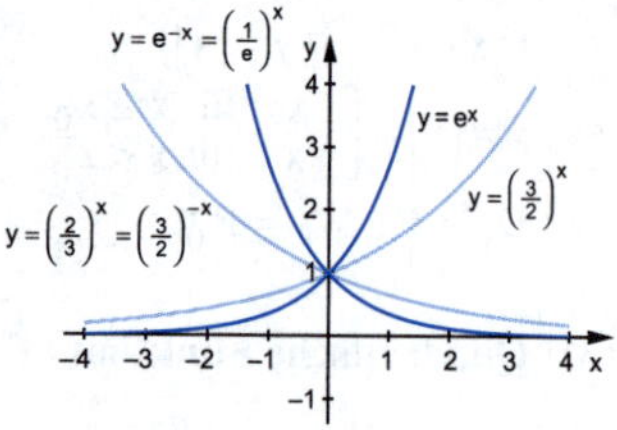

Die Exponentialfunktion mit der Euler'schen Zahl e als Basis heißt **natürliche Exponentialfunktion $y = f(x) = e^x$**. Die Euler'sche Zahl e ist eine transzendent irrationale Zahl, die über

$e = \lim_{n \to \infty} \left(1 + \frac{1}{n}\right)^n = 2{,}7182818...$ berechnet werden kann.

(8) **Logarithmusfunktion**

$f: x \mapsto \log_a x \ \wedge \ a \in \mathbb{R}^+ \setminus \{1\}$

$D_f = \mathbb{R}^+;\ W_f = \mathbb{R}$

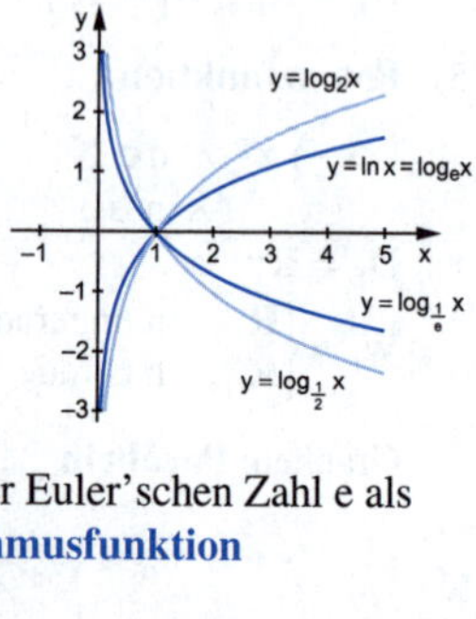

Die Logarithmusfunktion mit der Euler'schen Zahl e als Basis heißt **natürliche Logarithmusfunktion $y = \log_e x = \ln x$.**

(9) **Sinusfunktion**

$f: x \mapsto \sin x \quad (y = \sin x)$
$D_f = \mathbb{R};\ W_f = [-1; 1]$

(10) **Kosinusfunktion**

$f: x \mapsto \cos x \quad (y = \cos x)$
$D_f = \mathbb{R};\ W_f = [-1; 1]$

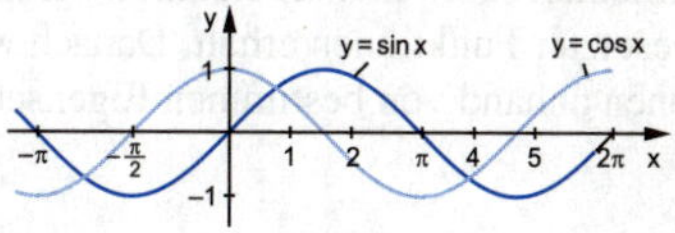

(11) **Tangensfunktion**

$f: x \mapsto \tan x \quad (y = \tan x)$
$D_f = \mathbb{R} \setminus \left\{ x \mid x = (2k-1) \cdot \frac{\pi}{2} \ \wedge \ k \in \mathbb{Z} \right\}$
$W_f = \mathbb{R}$

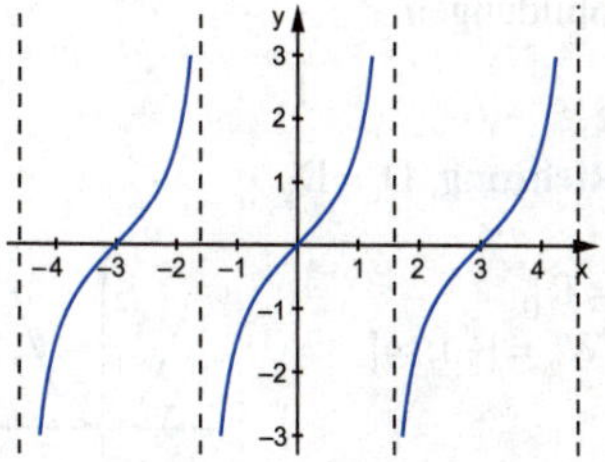

3 Eigenschaften reeller Funktionen

Im Folgenden erfahren wir schrittweise, wie man aus den Bildern der Elementarfunktionen die Funktionsgraphen beliebiger zusammengesetzter Funktionen erhält. Danach werden Gruppen von Funktionen anhand von bestimmen Eigenschaften zusammengefasst.

3.1 Einfluss von Formvariablen

Führt man in die Funktionsgleichung einer Elementarfunktion eine Konstante als Formvariable ein, so erhält man eine Verschiebung oder eine Streckung, bei mehreren Formvariablen eine Kombination dieser Abbildungen.

$f(x) \mapsto g(x) = f(x) + d$, $d \in \mathbb{R}$
Verschiebung um d in y-Richtung, $D_f = D_g$

Beispiel

1. $f(x) = x^2;\ D_f = \mathbb{R};\ W_f = \mathbb{R}_0^+$
   $g(x) = x^2 - 1;\ \ D_g = \mathbb{R};\ W_g = [-1; \infty[$

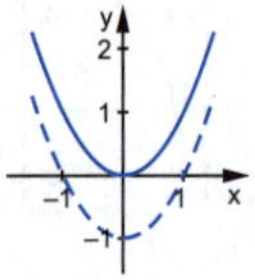

2. $f(x) = \sin x;\ \ D_f = \mathbb{R};\ W_f = [-1; 1]$
   $g(x) = \sin x + \frac{1}{2};\ D_g = \mathbb{R};\ W_f = \left[-\frac{1}{2}; \frac{3}{2}\right]$

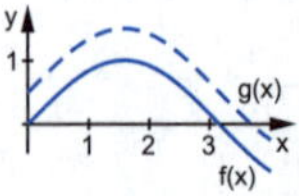

$f(x) \mapsto g(x) = a \cdot f(x)$, $a \in \mathbb{R}$
Multiplikation der Funktionswerte mit a, $D_f = D_g$

Beispiel

1. $f(x) = x$; $D_f = \mathbb{R}$; $W_f = \mathbb{R}$
   $g(x) = \frac{1}{2}x$; $D_g = \mathbb{R}$; $W_g = \mathbb{R}$

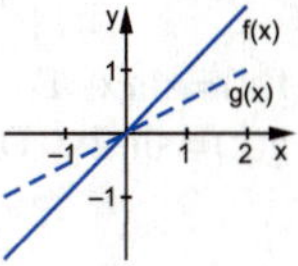

2. $f(x) = 0{,}5^x$; $D_f = \mathbb{R}$; $W_f = \mathbb{R}^+$
   $g(x) = 2 \cdot (0{,}5)^x$; $D_g = \mathbb{R}$; $W_g = \mathbb{R}^+$

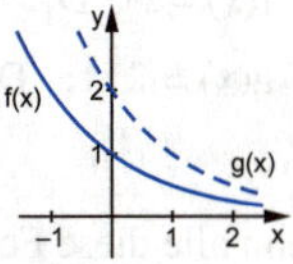

$f(x) \mapsto g(x) = f(x + c)$, $c \in \mathbb{R}$
Verschiebung um –c in x-Richtung, $W_f = W_g$

Beispiel

1. $f(x) = x^3$; $D_f = \mathbb{R}$; $W_f = \mathbb{R}$
   $g(x) = (x-1)^3$; $D_g = \mathbb{R}$; $W_g = \mathbb{R}$

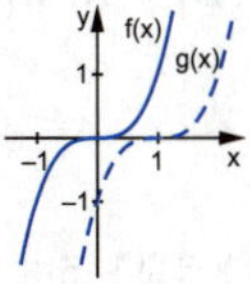

2. $f(x) = x^2$; $D_f = \mathbb{R}$; $W_f = \mathbb{R}_0^+$
   $g(x) = (x+1)^2$; $D_g = \mathbb{R}$; $W_g = \mathbb{R}_0^+$

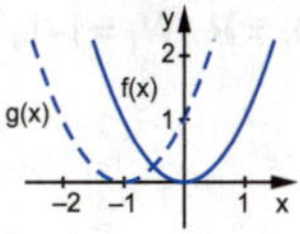

$f(x) \mapsto g(x) = f(dx)$, $d \in \mathbb{R}$
Formveränderung in x-Richtung:
$|d| > 1$: Stauchung; $0 < |d| < 1$: Dehnung $W_f = W_g$

Beispiel 1. $f(x) = \sin x$; $D_f = \mathbb{R}$; $W_f = [-1; 1]$
$g(x) = \sin 2x$; $D_g = \mathbb{R}$; $W_g = [-1; 1]$

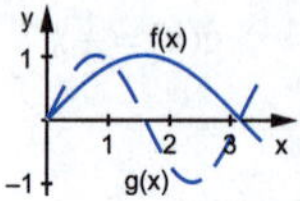

2. $f(x) = 2^x$; $D_f = \mathbb{R}$; $W_f = \mathbb{R}^+$
$g(x) = 2^{\frac{1}{2}x}$; $D_g = \mathbb{R}$; $W_g = \mathbb{R}^+$

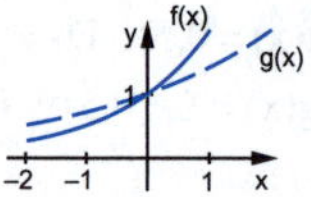

Wenn alle diese Formvariablen zusammenwirken, ergibt sich eine Funktion **$g: x \mapsto g(x) = a \cdot f(b(x + c)) + d$**

Beispiel 1. $y = g(x)$
$= 2 \cdot \sin\left(2\left(x - \frac{\pi}{2}\right)\right) + 1$

$D_f = \mathbb{R}$, $W_f = [-1; 3]$

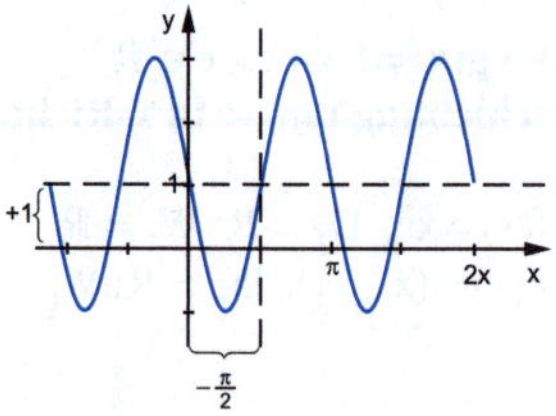

2. $y = g(x) = \frac{1}{2} \cdot 2^{x-2} - 1$

$D_f = \mathbb{R}$, $W_f =]-1; \infty[$

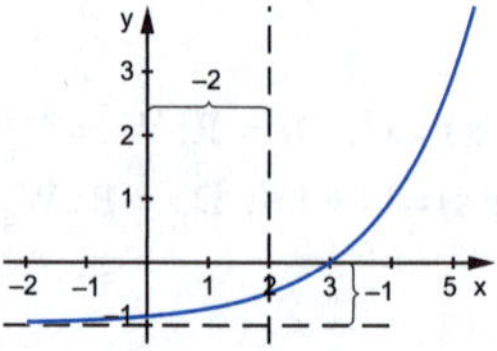

3. $y = g(x) = \frac{2}{x-1}$

$D_f = \mathbb{R}\backslash\{1\}$,
$W_f = \mathbb{R}\backslash\{0\}$

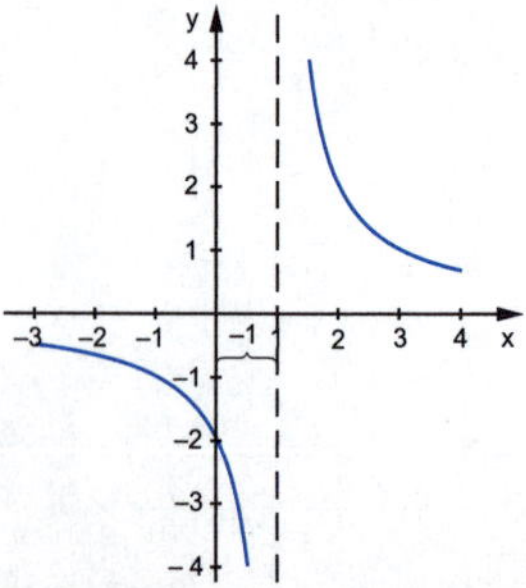

3.2 Spiegelungen und Funktionen mit Absolutbetrag

Spiegelungen an x- und y-Achse sowie am Ursprung und das Einbringen von Absolutbeträgen der Variable bewirken ebenfalls Formänderungen der Funktionsgraphen.

Spiegelung an der y-Achse: $f(x) \mapsto g(x) = f(-x)$

Beispiel

1. $f(x) = x \;\Rightarrow\; g(x) = -x$

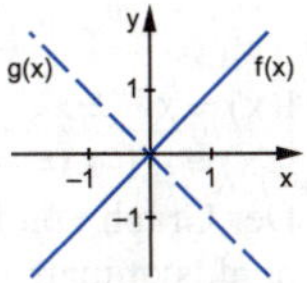

2. $f(x) = x^2 \;\Rightarrow$
   $g(x) = f(-x) = (-x)^2 = x^2$
   Der Graph von $f(x) = x^2$ ist schon symmetrisch zur y-Achse; d. h. es gilt: $f(-x) = f(x)$

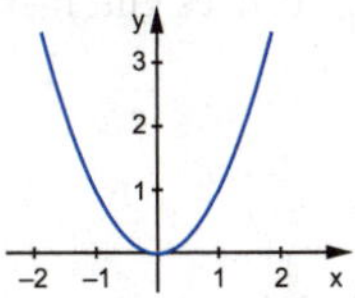

Spiegelung an der x-Achse: $f(x) \mapsto g(x) = -f(x)$

Beispiel

1. $f(x) = 2^x \;\Rightarrow\; g(x) = -2^x$

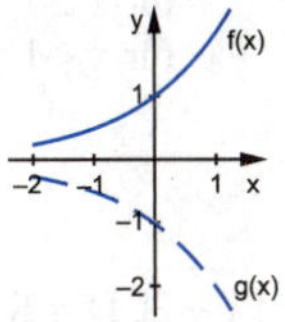

2. $f(x) = \sin x$; $g(x) = -\sin x$

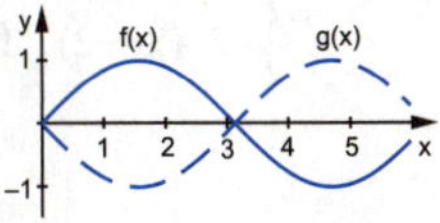

Anmerkung: Es gibt keine Funktion außer $f(x) = 0$, die einen zur x-Achse symmetrischen Graphen besitzt, weil es sonst x-Werte gäbe, zu denen mehr als ein y-Wert gehörte.

Punktspiegelung am Ursprung: $f(x) \mapsto g(x) = -f(-x)$

Beispiel 1. $f(x) = 2^x \;\Rightarrow\; g(x) = 2^{-x}$

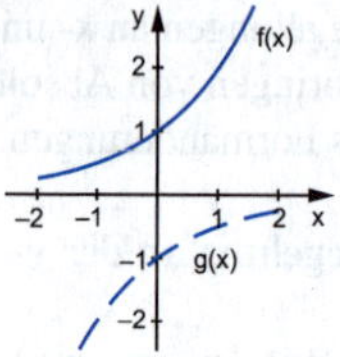

2. $f(x) = x^3 \;\Rightarrow$
$g(x) = -f(-x) = -(-x)^3 = x^3$
Der Graph von $f(x) = x^3$ ist schon punktsymmetrisch zum Ursprung; d. h. es gilt: $f(-x) = -f(x)$

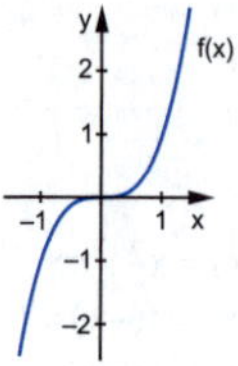

Funktionen, in denen ein **absoluter Betrag** auftritt, können **abschnittsweise** geschrieben werden.

Beispiel 1. $y = f(x) = 2^{|x-1|}, D = \mathbb{R}$

$$= \begin{cases} 2^{x-1} & \text{für } x \geq 1 \\ 2^{-(x-1)} & \text{für } x < 1 \end{cases}$$

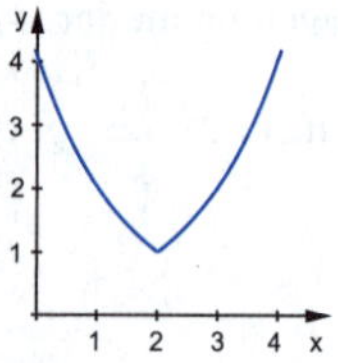

2. $y = f(x) = |x-2|, D = \mathbb{R}$

$$= \begin{cases} 2\cdot(x-2) & \text{für } x \geq 2 \\ -2\cdot(x-2) & \text{für } x < 2 \end{cases}$$

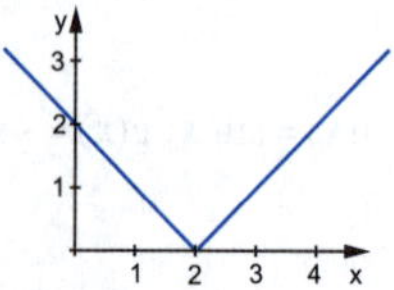

Absolutbetrag von Funktionen: $g(x) = |f(x)|$

Der Graph G_g der Funktion g entsteht aus dem Graphen G_f der Funktion f wie folgt: Alle Teile des Graphen G_f, die unterhalb der x-Achse liegen, werden an dieser gespiegelt. Die Anteile mit $y \geq 0$ bleiben unverändert.

Beispiel

$g(x) = |f(x)| = \left| \frac{1}{2}x^2 - x - 4 \right|, D_g = D_f = \mathbb{R}$

Graph G_f von f: $W_f = [-4{,}5; \infty[$

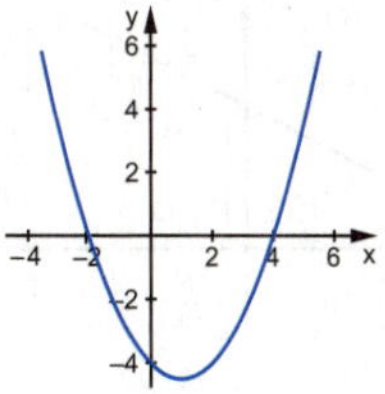

Graph G_g von g: $W_g = \mathbb{R}_0^+$

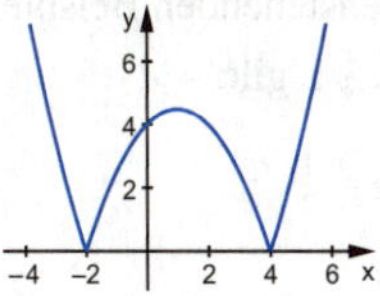

Funktion von einem Absolutbetrag: $g(x) = f(|x|)$

Der Graph G_g der Funktion g entsteht aus dem Graphen G_f der Funktion f wie folgt: Alle Teile des Graphen G_f, die links von der y-Achse liegen, werden ersetzt durch das Spiegelbild des Teils des Graphen G_f mit $x \geq 0$ an der y-Achse. Die Anteile mit $x \geq 0$ bleiben unverändert.

Beispiel

$g(x) = f(|x|) = \frac{1}{2}|x|^2 - |x| - 4 = \frac{1}{2}x^2 - |x| - 4,\ D_f = D_g = \mathbb{R}$

Graph G_f von f: $W_f = [4{,}5; \infty[$

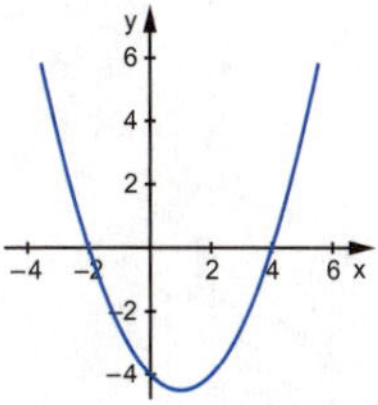

Graph G_g von g: $W_g = [4{,}5; \infty[$

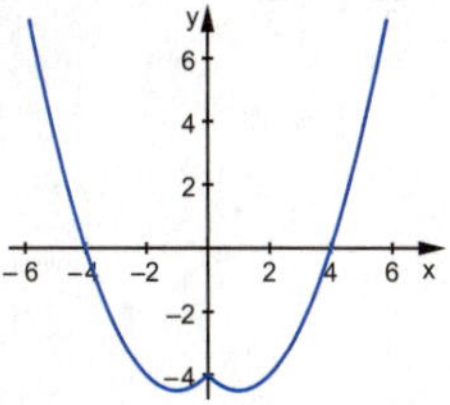

3.3 Spezielle Funktionen

Im Folgenden werden Funktionen mit ähnlichen Eigenschaften zu Gruppen zusammengefasst.

Die allgemeine lineare Funktion

$y = f(x) = mx + t, \quad D = \mathbb{R}$ m: Steigung
t: y-Abschnitt

Im nebenstehenden Beispiel

$y = \frac{1}{2}x + 1$ gilt:

$m = \frac{\Delta y}{\Delta x} = \frac{1}{2}$

$t = 1$

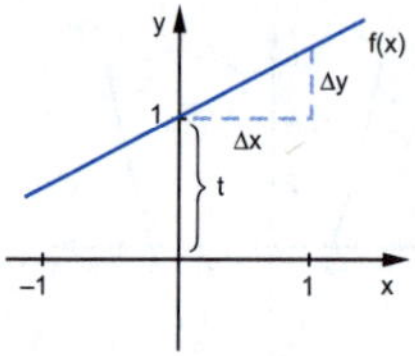

Es gilt ferner, dass jede lineare Gleichung $ax + by + c = 0 \wedge b \neq 0$ eine Gerade als Graphen besitzt, da sie umgeformt werden kann:

$$ax + by + c = 0$$
$$by = -ax - c \quad |:b$$
$$y = -\frac{a}{b}x - \frac{c}{b} = mx + t$$

Beispiel Forme $2x - 3y + 2 = 0$ so um, dass die Form $y = mx + t$ entsteht. Zeichne den Graphen.

Lösung:

$2x - 3y + 2 = 0$

$3y = 2x + 2$

$y = \frac{2}{3}x + \frac{2}{3}$

$m = \frac{2}{3}, t = \frac{2}{3}$

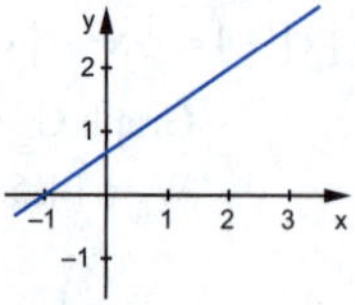

Die allgemeine quadratische Funktion
Die allgemeine quadratische Funktion f hat die Funktionsgleichung $y = f(x) = ax^2 + bx + c \;\wedge\; a \neq 0, D = \mathbb{R}$, ihr Graph heißt **Parabel**.
Besitzt die zugehörige Parabel den Scheitel $S(s_1 \mid s_2)$, so lässt sich die Funktion durch
$y = f(x) = ax^2 + bx + c = a \cdot (x - s_1)^2 + s_2$ darstellen **(Scheitelform)**.

Besitzt die zugehörige Parabel die Schnittpunkte $N_1(x_1 \mid 0)$ und $N_2(x_2 \mid 0)$ mit der x-Achse, so lässt sich die Funktion in **Linearfaktoren** zerlegen zu
$y = f(x) = ax^2 + bx + c = a \cdot (x - x_1) \cdot (x - x_2)$.

Beispiel

1. $y = \frac{1}{2}x^2 - x - 4, \; D_f = \mathbb{R}$

   Schnittpunkte mit der x-Achse und Aufspaltung in Linearfaktoren:

   $\frac{1}{2}x^2 - x - 4 = 0$

   $$x_{1/2} = \tfrac{1}{1}\left(1 \pm \sqrt{1+8}\right) = 1 \pm 3$$

   $$x_1 = -2 \;\Rightarrow\; N_1(-2 \mid 0)$$

   $$x_2 = 4 \;\Rightarrow\; N_2(4 \mid 0)$$

   $$y = \tfrac{1}{2}x^2 - x - 4 = \tfrac{1}{2}(x+2)(x-4)$$

   Scheitelform:

   $$y = \tfrac{1}{2}(x^2 - 2x + 1) - 4 - \tfrac{1}{2}$$

   $$= \tfrac{1}{2}(x-1)^2 - \tfrac{1}{2}$$

   $\Rightarrow \; S\left(1 \,\middle|\, -\frac{9}{2}\right)$ Scheitel

   $W_f = \left[-\frac{9}{2}; \infty\right[$

   Symmetrieachse: $x = 1$

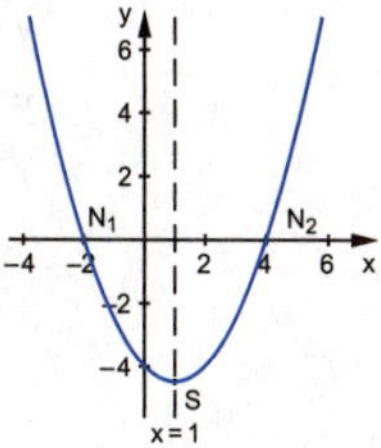

2. Gegeben ist die quadratische Funktion
$f\colon\ x \mapsto y = f(x) = -\frac{1}{4}x^2 - \frac{1}{2}x + 2,\ D_f = \mathbb{R}$
Bestimme die Koordinaten des Scheitels S, die Wertemenge und die Symmetrieachse und gib eine Aufspaltung in Linearfaktoren sowie die Bereiche mit $y \geq 0$ bzw. $y \leq 0$ an. Zeichne die zugehörige Parabel.

Lösung:
Scheitelbestimmung:

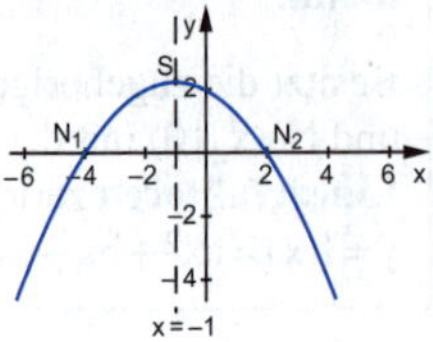

$y = -\frac{1}{4}x^2 - \frac{1}{2}x + 2$

$\quad = -\frac{1}{4}(x^2 + 2x + 1) + 2 + \frac{1}{4}$

$y = -\frac{1}{4}(x + 1)^2 + \frac{9}{4}$

$\Rightarrow$ Scheitel $S\left(-1 \,\middle|\, \frac{9}{4}\right)$

Wertemenge $W = \left]-\infty; \frac{9}{4}\right]$

Symmetrieachse: $x = 1$

Aufspaltung in Linearfaktoren:

$-\frac{1}{4}x^2 - \frac{1}{2}x + 2 = 0 \qquad \big| \cdot (-4)$

$x^2 + 2x - 8 = 0$

$x_{1/2} = \frac{1}{2}(-2 \pm \sqrt{4 + 32}) = \frac{1}{2}(-2 \pm 6)$

$x_1 = -4 \Rightarrow N_1(-4 \,|\, 0)$

$x_2 = 2 \Rightarrow N_2(2 \,|\, 0)$

$y = -\frac{1}{4}(x + 4) \cdot (x - 2)$

$y \geq 0$ für $x \in [-4; 2]$

$y \leq 0$ für $x \in]-\infty; -4] \cup [2; \infty[$

Ganzrationale Funktionen
Eine Funktion f ist eine ganzrationale Funktion, wenn ihr Funktionsterm ein Polynom in x ist. Für jede ganzrationale Funktion f gilt: $D_f = \mathbb{R}$.

Beispiel

1. $f(x) = 5x^4 + 3x^3 - 2x^2 - x + 6$
   ist eine ganzrationale Funktion 4. Grades
2. $f(x) = x^5 - x + 1$
   ist eine ganzrationale Funktion 5. Grades
3. $f(x) = 1$
   ist eine ganzrationale Funktion 0. Grades

Besitzt die ganzrationale Funktion f an der Stelle $x = x_0$ eine Nullstelle, so kann der Faktor $(x - x_0)$ abgespalten werden, d. h. $f(x) = (x - x_0) \cdot g(x)$. Den Term g(x) erhält man aus f(x) durch Polynomdivision durch $(x - x_0)$.

n-fache Nullstelle
Kann man bei einer Funktion f den Faktor $(x - x_0)^n$ abspalten, so heißt x_0 eine n-fache Nullstelle.

Beispiel

Die Funktion f mit $f(x) = x^3 - 3x^2 + 4x - 2$ hat an der Stelle $x = 1$ eine Nullstelle, weil $f(1) = 0$ gilt.

$$
\begin{array}{l}
(x^3 - 3x^2 + 4x - 2) : (x - 1) = x^2 - 2x + 2 \\
\underline{-(x^3 - x^2)} \\
\quad -2x^2 + 4x \\
\quad \underline{-(-2x^2 + 2x)} \\
\qquad\qquad 2x - 2 \\
\qquad\quad \underline{-(2x - 2)} \\
\qquad\qquad \underline{}
\end{array}
$$

$$\Rightarrow f(x) = x^3 - 3x^2 + 4x - 2 = (x - 1) \cdot (x^2 - 2x + 2)$$

(Gebrochen-)Rationale Funktion
Eine Funktion f ist eine (gebrochen-)rationale Funktion, wenn sie als Quotient zweier ganzrationaler Funktionen g und h dargestellt werden kann, d. h. $f(x) = \frac{g(x)}{h(x)}$.
Für jede rationale Funktion gilt: $D_f = \mathbb{R} \setminus \{x \mid h(x) = 0\}$, d. h. die Nullstellen des Nenners gehören nicht zum Definitionsbereich.
Offenbar ist die Menge der ganzrationalen Funktionen in der Menge der rationalen Funktionen enthalten.

Beispiel

1. $f(x) = \frac{x^2 - 4}{x + 1}, D_f = \mathbb{R} \setminus \{-1\}$
2. $f(x) = \frac{x + 5}{x^2 - 9}, D_f = \mathbb{R} \setminus \{-3; 3\}$
3. $f(x) = \frac{4x^2 + 3x - 5}{1} = 4x^2 + 3x - 5, D_f = \mathbb{R}$

Nichtrationale Funktionen
Alle Funktionen, die sich nicht als Quotient zweier Polynome in x darstellen lassen, heißen nichtrationale Funktionen.

Beispiel

1. $f(x) = 2^x, D_f = \mathbb{R}$
2. $f(x) = \log_{10}(x + 2), D_f =]-2; \infty[$:
   Im Logarithmus dürfen nur positive Ausdrücke stehen.
3. $f(x) = \sqrt{1 - x^2}, D_f = [-1; 1]$:
   Unter der Wurzel dürfen nur nichtnegative Ausdrücke stehen.
4. $f(x) = \sin\left(x + \frac{\pi}{2}\right), D_f = \mathbb{R}$

3.4 Umkehrfunktion

Auch die umgekehrte Zuordnung kann eine Funktion sein. Es gilt:

Umkehrfunktion
Eine Funktion f ist umkehrbar, wenn es zu jedem $y \in W_f$ auch nur genau ein $x \in D_f$ gibt, d. h. wenn die Zuordnungen $x \mapsto y$ und $y \mapsto x$ beide eindeutig sind.

Wenn eine Funktion in einem Intervall streng monoton ist, dann ist jedem x aus dem Intervall genau ein y zugeordnet und umgekehrt. Somit ist die Funktion in diesem Monotoniebereich umkehrbar. Die Umkehrfunktion zur Funktion f wird mit f^{-1} bezeichnet. Bei der Bildung der Umkehrfunktion werden die Paare $(x\,|\,y)$ vertauscht zu $(y\,|\,x)$. Man kann also die Funktionsgleichung der Umkehrfunktion bestimmen, indem man in der Funktionsgleichung $y = f(x)$ die Variablen x und y vertauscht und diese Gleichung dann (falls möglich) nach y auflöst. Dadurch vertauschen sich auch Definitionsmenge und Wertemenge, d. h. $D_{f^{-1}} = W_f$ und $W_{f^{-1}} = D_f$. Daraus ergibt sich auch der Graph $G_{f^{-1}}$ der Umkehrfunktion f^{-1}: Der Graph der Funktion f wird an der Winkelhalbierenden $y = x$ gespiegelt.

Beispiel

$$y = f(x) = \tfrac{1}{2}x^2 - x - \tfrac{3}{2} = \tfrac{1}{2}(x-1)^2 - 2$$

Die Funktion f ist in $]-\infty; 1[$ bzw. in $]1; \infty[$ streng monoton und dort jeweils umkehrbar. Wir wählen $D_1 =]1; \infty[$ ($W_f =]-2; \infty[$).

Bestimmung der Umkehrfunktion:

f^{-1}:

$$x = \tfrac{1}{2}(y-1)^2 - 2$$
$$\tfrac{1}{2}(y-1)^2 = x + 2 \quad |\cdot 2$$
$$(y-1)^2 = 2x + 4$$
$$y - 1 = \overset{+}{(-)}\sqrt{2x+4}$$
$$y = f^{-1}(x) = 1 + \sqrt{2x+4}$$

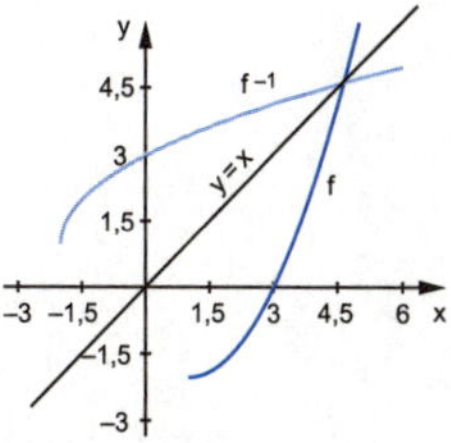

Es gilt jetzt: $D_{f^{-1}} =]-2; \infty[$ und $W_{f^{-1}} =]1; \infty[$. Den Graphen $G_{f^{-1}}$ erhält man durch Spiegelung an der Geraden $y = x$.

3.5 Verkettung von Funktionen

Neue Funktionen werden gewonnen, wenn man eine Funktion in eine andere einsetzt.

Verketten zweier Funktionen

Das Verketten von zwei Funktionen g und h zu einer Funktion f entspricht dem Nacheinanderausführen der beiden Funktionszuordnungen. Dabei darf die Schnittmenge der Wertemenge von h und der Definitionsmenge von g nicht leer sein.

$g: x \mapsto g(x) \ \wedge \ h: x \mapsto h(x) \ \Rightarrow \ f: x \mapsto g(h(x))$

(Andere Schreibweise: $f(x) = (g \circ h)(x)$; gelesen: „h vor g")

Die Funktion g heißt **äußere Funktion**, die Funktion h **innere Funktion**. Man erhält den Wert des Funktionsterms an einer Stelle x_0, indem man zuerst $h(x_0)$ berechnet und dann diesen Wert in die Funktion g einsetzt.

Die Verkettung ist im Allgemeinen **nicht kommutativ**.

Beispiel $g(x) = \sqrt{x+1}$, $D_g = [-1; \infty[$, $W_g = \mathbb{R}_0^+$; $h(x) = x^3 + 2$,

$D_h = \mathbb{R} \ \Rightarrow \ W_g \cap D_h = \mathbb{R}_0^+$

$$f(x) = g(h(x)) = \sqrt{(x^3+2)+1} = \sqrt{x^3+3}$$

$$\tilde{f}(x) = h(g(x)) = \left(\sqrt{x+1}\right)^3 + 2 = \sqrt{(x+1)^3} + 2 \neq g(h(x))$$

3.6 Funktionenscharen

Kann eine Formvariable in einer Funktionsgleichung mehrere Werte annehmen, so entstehen entsprechend auch mehrere Funktionen.

Funktionenschar
Enthält eine Funktionsgleichung neben der Gleichungsvariablen noch eine Formvariable, so sprechen wir von einer Funktionenschar.

Beispiel

1. $f_a(x) = ax^2 - 2x,\ a \in \mathbb{R},\ D = \mathbb{R}$
   Es gilt z. B.:
   $f_1(x) = x^2 - 2x$
   $f_{-2}(x) = -2x^2 - 2x$
   $f_{\frac{1}{2}}(x) = \frac{1}{2}x^2 - 2x$

2. Enthält ein Punkt P einer Scharkurve einen Parameter, so beschreibt er in der Regel eine Kurve mit der Gleichung $y = g(x)$, wenn der Parameter alle erlaubten Werte annimmt, z. B.
   $P\left(\frac{1}{2}a \,\middle|\, 2a^2\right)$
   $x = \frac{1}{2}a \ \wedge\ y = 2a^2$
   $\Downarrow$
   $a = 2x \ \Rightarrow\ y = g(x) = 2 \cdot (2x)^2 = 8x^2$
   Man erhält die Kurvengleichung $y = g(x)$, wenn man aus der x-Koordinate den Parameter frei rechnet und diesen Ausdruck in die y-Koordinate einsetzt.

   Anmerkung zur Berechnung einer Scharkurve:
   $P(1 \mid 2a)$ $\Rightarrow$ Die Gleichung der Kurve ist $x = 1$.
   $P(-5a \mid 4)$ $\Rightarrow$ Die Gleichung der Kurve ist $y = 4$.

4 Zahlenfolgen als Funktionen

Werden in der Praxis die Elemente einer Zahlenmenge in einer bestimmten Weise nacheinander angeordnet, um einen Sachverhalt übersichtlich darzustellen oder Zusammenhänge ablesen zu können, so spricht man von einer Zahlenfolge. Die Zuordnung in der Reihenfolge der Zahlen kann als Funktion gedeutet werden.

Zahlenfolge
Eine Funktion f mit der Definitionsmenge $D_f = \mathbb{N}$ heißt (Zahlen-)Folge. Bei Zahlenfolgen schreibt man anstelle der Variablen x den griechischen Buchstaben ν. Die Funktionswerte f(ν) bilden die **Glieder der Folge** und werden mit $a_\nu = f(\nu)$ (allgemeines Folgenglied) bezeichnet.
Der Graph einer Zahlenfolge besteht aus isolierten Punkten.

Beispiel Für die Funktion f mit $f(x) = 2x - 1$, $D_f = \mathbb{N}$ schreibt man $a_\nu = 2\nu - 1$.
Setzt man die Zahlen aus ℕ für ν ein, so erhält man aus der Folgengleichung die Folge in der **aufzählenden** Form:
$a_1 = 1, a_2 = 3, a_3 = 5, a_4 = 7, a_5 = 9, \dots$

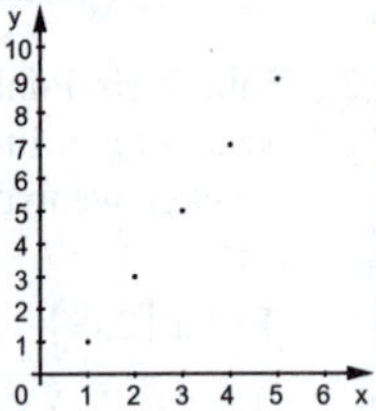

Zahlenfolgen können auch in der aufzählenden Form gegeben sein. Dann kann man daraus die Folgengleichung bestimmen, allerdings in der Regel nur durch „geschicktes Probieren".

Beispiel Bestimme für die Zahlenfolge 2, 5, 10, 17, 26, … die Folgengleichung (das **allgemeine Folgenglied**) a_ν.
Da jedes Folgenglied um 1 größer ist als die zu „seiner Nummer" gehörende Quadratzahl, kann das allgemeine Folgenglied a_ν beschrieben werden durch: $a_\nu = \nu^2 + 1$.

Rekursive Definition einer Folge

Zahlenfolgen können so gegeben sein, dass man das allgemeine Glied a_ν aus dem Vorgänger $a_{\nu-1}$ bestimmen kann, wenn nur ein Folgenglied (im Allgemeinen das erste) bekannt ist.

Beispiel

1. Für die Zahlenfolge a_ν gilt: $a_\nu = 2 \cdot a_{\nu-1} \wedge a_1 = 1$
   Dann erhält man die folgenden Glieder der Zahlenfolge:
   $a_1 = 1;\ a_2 = 2 \cdot a_1 = 2;\ a_3 = 2 \cdot a_2 = 4;\ a_4 = 2 \cdot a_3 = 8; \ldots$
   Die Zahlenfolge kann auch in der Form $a_\nu = 2^{\nu-1}$ angegeben werden, weil $\frac{a_\nu}{a_{\nu-1}} = 2$ konstant ist.

2. $a_\nu = (-1)^\nu \cdot \frac{\nu}{\nu+1}$
   Bestimme die ersten vier Glieder der Zahlenfolge.
   Lösung:
   $a_1 = (-1)^1 \cdot \frac{1}{1+1} = -\frac{1}{2}$ $\quad a_2 = (-1)^2 \cdot \frac{2}{2+1} = \frac{2}{3}$
   $a_3 = (-1)^3 \cdot \frac{3}{3+1} = -\frac{3}{4}$ $\quad a_4 = (-1)^4 \cdot \frac{4}{4+1} = \frac{4}{5}$

3. Die ersten fünf Glieder einer Zahlenfolge sind gegeben.
   Bestimme das allgemeine Folgenglied a_ν.
   $0, \frac{1}{3}, \frac{2}{4}, \frac{3}{5}, \frac{4}{6}, \ldots$
   Lösung:
   Der Vergleich der Bildung von Zähler und Nenner lässt als allgemeines Folgenglied $a_\nu = \frac{\nu-1}{\nu+1}$ vermuten.

4. Für eine Zahlenfolge a_ν gilt: $a_\nu = 1 - a_{\nu-1} \wedge a_1 = 2$
Bestimme die ersten fünf Glieder der Zahlenfolge.
Lösung:
$a_1 = 2$
$a_2 = 1 - a_1 = 1 - 2 = -1$
$a_3 = 1 - a_2 = 1 - (-1) = 2$
$a_4 = 1 - a_3 = 1 - 2 = -1$
$a_5 = 1 - a_4 = 1 - (-1) = 2$
...
Die Zahlenfolge lautet in ihrer aufzählenden Form:
2, –1, 2, –1, 2, …

Geometrische Folge
Eine Zahlenfolge heißt geometrische Folge, wenn der Quotient zweier aufeinander folgender Glieder konstant ist, d. h.
$\frac{a_{\nu+1}}{a_\nu} = q$, $a_\nu \neq q$, $q \neq 0$ gilt.
Für das allgemeine Glied einer geometrischen Folge erhält man: $a_\nu = a \cdot q^{\nu-1}$ mit $a = a_1$.

Beispiel Die Zahlenfolge $a_\nu = 2^{\nu-1}$ ist eine geometrische Folge mit $a_1 = 1$ und $q = 2$.

Anmerkung: Die geometrische Folge ist die Zahlenfolge des **exponentiellen Wachstums**. Ein Anfangswert $a_1 = a$ erreicht nach n gleichen Zeitspannen (Wachstumsperioden) mit dem konstanten Wachstumsfaktor q den Wert $a_n = a \cdot q^{n-1}$.

Arithmetische Folge
Eine Zahlenfolge heißt arithmetische Folge, wenn die Differenz zweier aufeinander folgender Glieder konstant ist, d. h. $a_{\nu+1} - a_\nu = d$ ($d \neq 0$) gilt.
Für das allgemeine Glied einer arithmetischen Folge erhält man: $a_\nu = a + (\nu - 1) \cdot d$ mit $a = a_1$.

Beispiel

Die Zahlenfolge 2, 5, 8, 11, … ist eine arithmetische Zahlenfolge mit $a_1 = a = 2$ und $d = 3$, d. h. $a_\nu = 2 + (\nu - 1) \cdot 3$.

Anmerkung: Die arithmetische Zahlenfolge ist die Zahlenfolge des **linearen Wachstums**. Ein Anfangswert $a_1 = a$ erreicht nach n gleichen Zeitspannen (Wachstumsperioden) mit dem konstanten Zuwachs d den Wert $a_n = a + (n - 1) \cdot d$.

Reihe
Werden die Glieder einer Zahlenfolge $a_1, a_2, \ldots$ addiert, so entsteht eine Reihe.
Man unterscheidet **endliche** und **unendliche Reihen** und schreibt:

$$a_1 + a_2 + a_3 + \ldots + a_n = \sum_{\nu=1}^{n} a_\nu \quad \text{für die endliche Reihe und}$$

$$a_1 + a_2 + a_3 + \ldots = \sum_{\nu=1}^{\infty} a_\nu \quad \text{für die unendliche Reihe}$$

Beispiel

1. $\sum_{\nu=1}^{n} \nu = 1 + 2 + 3 + \ldots + n$:

   Summe der ersten n natürlichen Zahlen

   Berechnungsformel: $\sum_{\nu=1}^{n} \nu = \frac{n \cdot (n+1)}{2}$, z. B.

   $$1 + 2 + 3 + \ldots + 100 = \frac{100 \cdot (100+1)}{2} = 50 \cdot 101 = 5050$$

2. $\sum_{\nu=1}^{n} \nu^2 = 1^2 + 2^2 + 3^2 + \ldots + n^2$:

Summe der ersten n Quadratzahlen

Berechnungsformel: $\sum_{\nu=1}^{n} \nu^2 = \frac{n \cdot (n+1) \cdot (2n+1)}{6}$, z. B.

$$1^2 + 2^2 + 3^2 + \ldots + 10^2 = \frac{10 \cdot (10+1) \cdot (2 \cdot 10 + 1)}{6} = \frac{10 \cdot 11 \cdot 21}{6} = 385$$

3. $\sum_{\nu=1}^{n} \nu^3 = 1^3 + 2^3 + 3^3 + \ldots + n^3$:

Summe der ersten n dritten Potenzen (Kubikzahlen)

Berechnungsformel: $\sum_{\nu=1}^{n} \nu^3 = \frac{n^2 \cdot (n+1)^2}{4}$, z. B.

$$1^3 + 2^3 + 3^3 + \ldots + 10^3 = \frac{8^2 \cdot (8+1)^2}{4} = \frac{64 \cdot 81}{4} = 1296$$

Geometrische Reihe

$\sum_{\nu=1}^{n} a \cdot q^{\nu-1} = a + a \cdot q + a \cdot q^2 + \ldots + a \cdot q^{n-1}$:

Berechnungsformel: $\sum_{\nu=1}^{n} a \cdot q^{\nu-1} = a \cdot \frac{q^n - 1}{q - 1}$ bzw.

$\sum_{\nu=1}^{\infty} a \cdot q^{\nu-1} = a \cdot \frac{1}{1-q}$ (falls $|q| < 1$)

Beispiel $8 + 4 + 2 + 1 + \frac{1}{2} + \ldots + 8 \cdot \left(\frac{1}{2}\right)^9 = 8 \cdot \frac{\left(\frac{1}{2}\right)^{10} - 1}{\frac{1}{2} - 1} = 15{,}98$

$8 + 4 + 2 + 1 + \ldots = 8 \cdot \frac{1}{1 - \frac{1}{2}} = 16$

Arithmetische Reihe

$$\sum_{\nu=1}^{n} a \cdot (\nu-1) \cdot d = a + (a+d) + (a+2d) + ... + (a+(n-1) \cdot d):$$

Berechnungsformel: $\sum_{\nu=1}^{n} a + (\nu-1) \cdot d = \frac{n}{2} \cdot (a_1 + a_n)$

$$= \frac{n}{2} \cdot (2a + (n-1) \cdot d)$$

Beispiel

$$1+3+5+7+...+[1+(18-1) \cdot 2] = \frac{18}{2} \cdot (2+17 \cdot 2) = 324$$

Anmerkung: Die Summenformeln für endliche Reihen lassen sich mit dem Beweisprinzip der **vollständigen Induktion** nachweisen.

Grenzwert und Stetigkeit

1 Grenzwertsätze

Im Folgenden wird das Verhalten von Funktionen bei Annäherung an „kritische“ Werte untersucht, insbesondere das Verhalten im Unendlichen und bei Annäherung an eine Definitionslücke.

1.1 Verhalten für $x \to \pm\infty$

Das Verhalten der Elementarfunktionen für $x \to \infty$ bzw. für $x \to -\infty$ ist aus dem „Katalog der Elementarfunktionen“ bekannt und wird bei den folgenden Überlegungen vorausgesetzt.
Wie sieht das Verhalten bei zusammengesetzten Funktionen aus? Dabei helfen uns die **Grenzwertsätze**. Wie man sie auf das Verhalten einer Funktion für $x \to \infty$ bzw. für $x \to -\infty$ anwendet, zeigen die folgenden Beispiele. Die Berechnung des Grenzwertes wird durch die Betrachtung des Graphen überprüft.

Grenzwert einer Summe = Summe der Grenzwerte

$$\lim_{x \to \pm\infty} (f(x) + g(x)) = \lim_{x \to \pm\infty} f(x) + \lim_{x \to \pm\infty} g(x)$$

Beispiel

1. $$\lim_{x \to \infty} \left(\frac{1}{x} + \frac{2}{x^2}\right) = \lim_{x \to \infty} \frac{1}{x} + \lim_{x \to \infty} \frac{2}{x^2} = 0 + 0 = 0$$

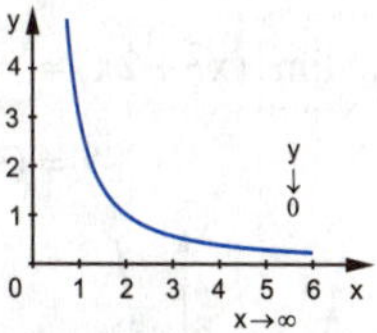

2. $$\lim_{x \to -\infty} \left(2 + \frac{1}{x^4}\right) = \lim_{x \to -\infty} 2 + \lim_{x \to -\infty} \frac{1}{x^4} = 2 + 0 = 2$$

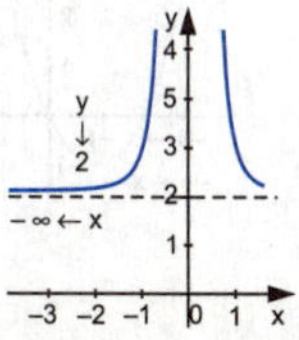

Grenzwert einer Differenz = Differenz der Grenzwerte

$$\lim_{x \to \pm\infty} (f(x) - g(x)) = \lim_{x \to \pm\infty} f(x) - \lim_{x \to \pm\infty} g(x)$$

Beispiel 1. $\lim\limits_{x \to \infty} \left(\frac{1}{x} - \frac{x}{2}\right) = \lim\limits_{x \to \infty} \frac{1}{x} - \lim\limits_{x \to \infty} \frac{x}{2}$

$= 0 - \infty = -\infty$

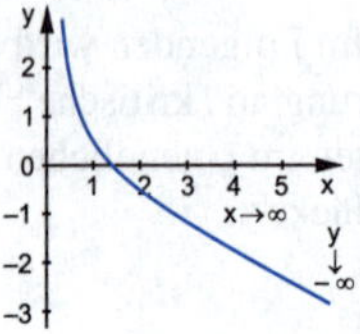

2. $\lim\limits_{x \to -\infty} \left(\frac{1}{x} - 1\right) = \lim\limits_{x \to -\infty} \frac{1}{x} - \lim\limits_{x \to -\infty} 1$

$= 0 - 1 = -1$

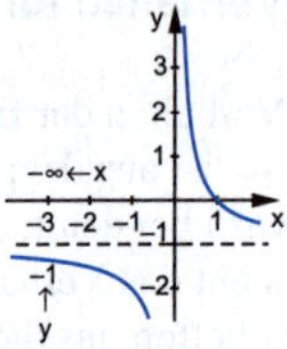

Grenzwert eines Produktes = Produkt der Grenzwerte

$$\lim_{x \to \pm\infty} (f(x) \cdot g(x)) = \lim_{x \to \pm\infty} f(x) \cdot \lim_{x \to \pm\infty} g(x)$$

Aus dem Grenzwertsatz für Produkte folgt, dass der Grenzwert einer Potenz gleich der Potenz des Grenzwertes ist.

Beispiel 1. $\lim\limits_{x \to -\infty} (x^2 + 2x) = \lim\limits_{x \to -\infty} x \cdot (x+2) = \lim\limits_{x \to -\infty} x \cdot \lim\limits_{x \to -\infty} (x+2)$

$= (-\infty) \cdot (-\infty) = +\infty$

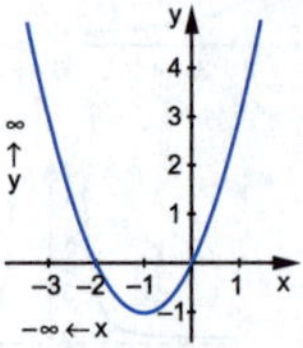

2. $\lim\limits_{x \to -\infty} = (2^x - 1)^2 = \lim\limits_{x \to -\infty} (2^x - 1) \cdot \lim\limits_{x \to -\infty} (2^x - 1)$

$= (-1) \cdot (-1) = 1$

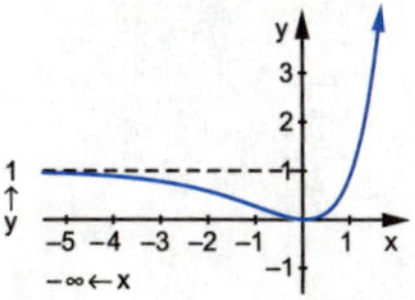

Der Grenzwert kann auch wie folgt berechnet werden:

$$\lim_{x \to -\infty} (2^x - 1)^2 = \left[\lim_{x \to -\infty} (2^x - 1)\right]^2 = (-1)^2 = 1$$

Grenzwert eines Quotienten = Quotient der Grenzwerte

$$\lim_{x \to \pm\infty} \frac{f(x)}{g(x)} = \frac{\lim\limits_{x \to \pm\infty} f(x)}{\lim\limits_{x \to \pm\infty} g(x)} \wedge \lim_{x \to \pm\infty} g(x) \neq 0$$

Beispiel

1. $$\lim_{x \to -\infty} \frac{2x^2 - 3}{5x^2 + 1} = \lim_{x \to -\infty} \frac{2 - \frac{3}{x^2}}{5 + \frac{1}{x^2}} = \frac{\lim\limits_{x \to -\infty}\left(2 - \frac{3}{x^2}\right)}{\lim\limits_{x \to -\infty}\left(5 + \frac{1}{x^2}\right)}$$

$$= \frac{\lim\limits_{x \to -\infty} 2 - \lim\limits_{x \to -\infty} \frac{3}{x^2}}{\lim\limits_{x \to -\infty} 5 + \lim\limits_{x \to -\infty} \frac{1}{x^2}} = \frac{2 - 0}{5 + 0} = \frac{2}{5} = 0{,}4$$

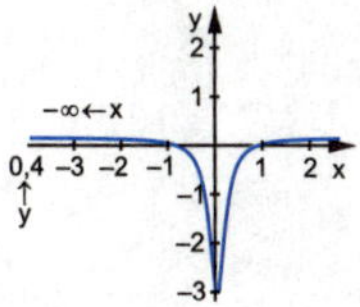

Bei Verwendung dieses Grenzwertsatzes ist das Verhalten des Betrags $|x|$ zu beachten:

2. $$\lim_{x\to\infty}\frac{\sqrt{x^2+2}}{2x+3}=\lim_{x\to\infty}\frac{|x|\sqrt{1+\frac{2}{x^2}}}{x\left(2+\frac{3}{x}\right)}$$

$$=\lim_{x\to\infty}\frac{x\sqrt{1+\frac{2}{x^2}}}{x\left(2+\frac{3}{x}\right)}=\lim_{x\to\infty}\frac{\sqrt{1+\frac{2}{x^2}}}{2+\frac{3}{x}}$$

$$=\frac{\lim\limits_{x\to\infty}\sqrt{1+\frac{2}{x^2}}}{\lim\limits_{x\to\infty}\left(2+\frac{3}{x}\right)}=\frac{1}{2}, \text{ weil } |x|=x \text{ für } x>0$$

$$\lim_{x\to-\infty}\frac{\sqrt{x^2+2}}{2x+3}=\lim_{x\to-\infty}\frac{|x|\sqrt{1+\frac{2}{x^2}}}{x\left(2+\frac{3}{x}\right)}$$

$$=\lim_{x\to-\infty}\frac{-x\sqrt{1+\frac{2}{x^2}}}{x\left(2+\frac{3}{x}\right)}=\lim_{x\to-\infty}\frac{-\sqrt{1+\frac{2}{x^2}}}{2+\frac{3}{x}}$$

$$=\frac{\lim\limits_{x\to-\infty}-\sqrt{1+\frac{2}{x^2}}}{\lim\limits_{x\to-\infty}\left(2+\frac{3}{x}\right)}=-\frac{1}{2}, \text{ weil } |x|=-x \text{ für } x<0$$

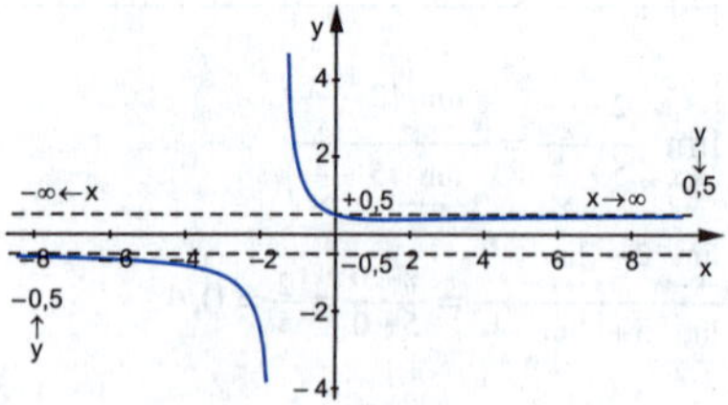

Es ist sinnvoll, die folgende Zusammenstellung **häufig auftretender Grenzwerte** zu lernen. Sie gestattet zusammen mit den Grenzwertsätzen eine schnelle Bestimmung von Grenzwerten.

1. $\lim\limits_{x \to \pm\infty} \frac{a}{x^n} = 0,\ a \in \mathbb{R}, n \in \mathbb{N}$

2. $f(x) = \frac{a_n x^n + a_{n-1} x^{n-1} + \ldots + a_1 x + a_0}{b_m x^m + b_{m-1} x^{m-1} + \ldots b_1 x + b_0}$, $a_i, b_i \in \mathbb{R}, a_n \neq 0, b_m \neq 0,$ $n, m \in \mathbb{N}$

   $n < m$: $\lim\limits_{x \to \pm\infty} f(x) = 0$

   $n = m$: $\lim\limits_{x \to \pm\infty} f(x) = \frac{a_n}{b_m}$

   $n > m$: $\lim\limits_{x \to \pm\infty} f(x)$ nähert sich an $+\infty$ oder $-\infty$ an.

3. $f(x) = a^x$: $a > 1$: $\lim\limits_{x \to \infty} f(x) = \infty$; $\lim\limits_{x \to -\infty} f(x) = 0$

   $0 < a < 1$: $\lim\limits_{x \to \infty} f(x) = 0$; $\lim\limits_{x \to -\infty} f(x) = \infty$

4. $f(x) = \log_a(x)$: $a > 1$: $\lim\limits_{x \to \infty} f(x) = \infty$

   $0 < a < 1$: $\lim\limits_{x \to \infty} f(x) = -\infty$

5. $f(x) = \sin x$: $\lim\limits_{x \to \pm\infty} \sin x$ existiert nicht, da die Werte zwischen -1 und $+1$ schwanken.

   Entsprechendes gilt für $f(x) = \cos x$ und $f(x) = \tan x$.

6. $\lim\limits_{\nu \to \infty} \left(1 + \frac{1}{\nu}\right)^{\nu} = e = 2{,}71828\ldots$

7. $\lim\limits_{x \to \infty} \frac{x^n}{e^x} = 0$

8. $\lim\limits_{x \to \infty} \frac{\log_a x}{x^n} = 0$

9. $\lim\limits_{n \to \infty} \sqrt[n]{a} = 1$ für $a \in \mathbb{R}^+$

10. $\lim\limits_{n \to \infty} \sqrt[n]{n} = 1$

Mit diesen Grenzwerten kann man die folgenden Beispiele ohne weitere Rechnung lösen:

Beispiel

1. $\lim\limits_{x \to \pm\infty} \frac{x^2+2x-1}{x^3+x^2-6x+5} = 0$ (Nr. 2: Fall $n < m$)

2. $\lim\limits_{x \to \pm\infty} \frac{x^2-2x+5}{2x^2+6x-1} = \frac{1}{2}$ (Nr. 2: Fall $n = m$)

3. $\lim\limits_{x \to \pm\infty} \frac{x^2+3x+1}{2x-1} = \pm\infty$ (Nr. 2: Fall $n > m$)

4. $\lim\limits_{x \to -\infty} 4^x = 0$ (Nr. 3: Fall $a > 1$)

5. $\lim\limits_{x \to \pm\infty} (-3x^2) = -\infty$ (Grenzwert Elementarfunktion)

6. $\lim\limits_{x \to \pm\infty} |x| = +\infty$ (Grenzwert Elementarfunktion)

7. $\lim\limits_{x \to \infty} (x^2 \cdot e^{-x}) = \lim\limits_{x \to \infty} \frac{x^2}{e^x} = 0$ (Nr. 7)

8. $\lim\limits_{x \to \infty} \frac{x^3}{\log_a x} = \infty$ (Nr. 8 und Kehrwert)

9. $\lim\limits_{x \to -\infty} \frac{10^{99}}{x} = 0$ (Nr. 1)

1.2 Verhalten für $x \to x_0$

Bei den Betrachtungen z. B. zu den gebrochen rationalen Funktionen haben wir gesehen, dass es Funktionen gibt, deren Definitionsmengen bestimmte Werte x_0 nicht enthalten. Deshalb interessiert uns in diesem Abschnitt, wie sich der Graph einer Funktion bei der Annäherung an eine solche Stelle x_0 verhält. Die Grenzwertsätze gelten im gleichen Wortlaut wie für $x \to \pm\infty$. Wir werden deren Gültigkeit bei zusammengesetzten Funktionen dazu benutzen, Grenzwerte zu bestimmen.
Maximale Definitionsmengen können eingeschränkt sein bei

- Nenner Null,
- Wurzeltermen und
- logarithmischen Termen.

Beispiel

1. Bei den Elementarfunktionen $y = y = \frac{1}{x^n}, n \in \mathbb{N}$ $\left(\text{Beispiel: } y = \frac{1}{x}\right)$ tritt bei $x = 0$ eine Definitionslücke auf.

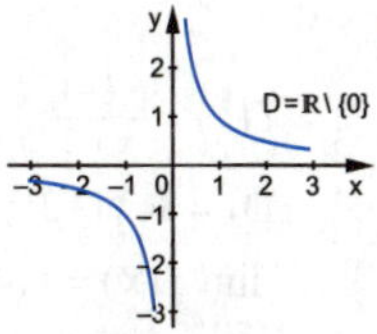

2. Alle Wurzel- und Logarithmusfunktionen haben noch weiter eingeschränkte Definitionsmengen (Beispiele: $y = \sqrt[3]{x}$ und $y = \log_2 x$). Bei Annäherung an $x_0 = 0$ von rechts (Schreibweise: $x \to x_0 + 0$ bzw. $x \overset{>}{\to} x_0$) zeigen die beiden Funktionen unterschiedliches Verhalten. Die Funktion $y = \sqrt[3]{x}$ ist nur für $x \geq 0$ definiert und hat für $x = 0$ den Wert $y = 0$, die Funktion $y = \log_2 x$ geht bei Annäherung an $x_0 = 0$ gegen $-\infty$.

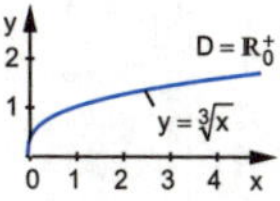

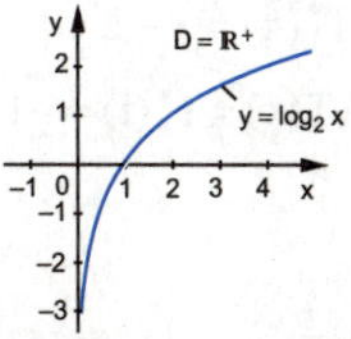

Zur **Berechnung der Grenzwerte** sind zwei Haupttypen zu unterscheiden:
Die Funktion f ist durch **eine Funktionsgleichung** gegeben.
Die Funktion f ist **abschnittsweise definiert.**

Im Fall, dass die Funktion f durch **eine Funktionsgleichung** gegeben ist, sind nochmals mehrere Fälle zu unterscheiden:

$x_0 \in D_f$: Dann gilt $\lim\limits_{x \to x_0} f(x) = f(x_0)$

Beispiel 1. $f(x) = \frac{1}{2}x^2 - 1;\ D_f = \mathbb{R};\ x_0 = 2$

$$\lim_{x \to 2} f(x) = f(2) = 1$$

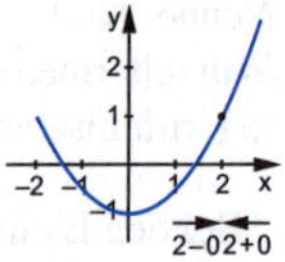

2. $f(x) = \frac{x^2 - 1}{x + 2};$

$D_f = \mathbb{R} \setminus \{-2\};\ x_0 = 4$

$$\lim_{x \to 4} f(x) = f(4) = 2{,}5$$

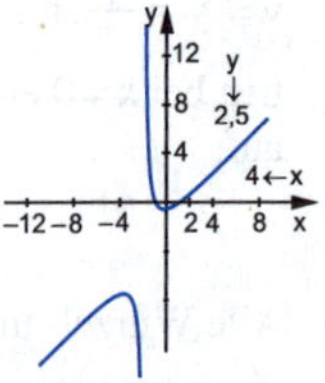

$x_0 \notin D_f$ und es existiert eine Fortsetzung f^* von f in x_0:
Dann gilt $\lim\limits_{x \to x_0} f(x) = f^*(x_0)$

Beispiel 1. $f(x) = \frac{x^2 - 3x + 2}{x - 1},$

$D_f = \mathbb{R} \setminus \{1\};\ x_0 = 1$

$$f(x) = \frac{x^2 - 3x + 2}{x - 1} = \frac{(x-1)(x-2)}{x-1} = x - 2$$

$$\Rightarrow f^*(x) = x - 2$$

$$\lim_{x \to 1} f(x) = f^*(1) = -1$$

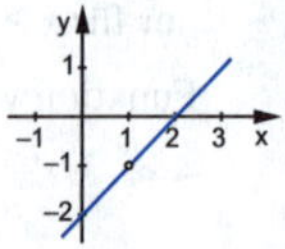

2. $f(x) = \frac{x^2 - x}{x}$,

$D_f = \mathbb{R} \setminus \{0\}, x_0 = 0$

$f(x) = \frac{x^2 - x}{x} = \frac{x(x-1)}{x} = x - 1$

$\Rightarrow f^*(x) = x - 1$

$\lim\limits_{x \to 0} f(x) = f^*(0) = -1$

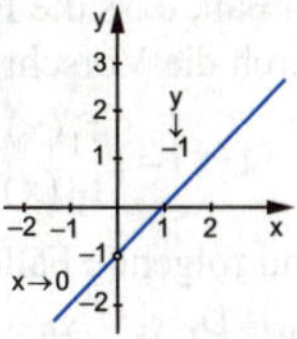

$x_0 \notin D_f$ und es existiert keine Fortsetzung f:

Dann gilt $\lim\limits_{x \to x_0} f(x) = \infty$ oder $\lim\limits_{x \to x_0} f(x) = -\infty$, d. h. es liegt eine Unendlichkeitsstelle vor.

Beispiel

1. $f(x) = \frac{x-3}{x-1}$

$D_f = \mathbb{R} \setminus \{1\};\ x_0 = 1$

$\lim\limits_{x \to 1+0} f(x) = -\infty;$

$\lim\limits_{x \to 1-0} f(x) = +\infty$

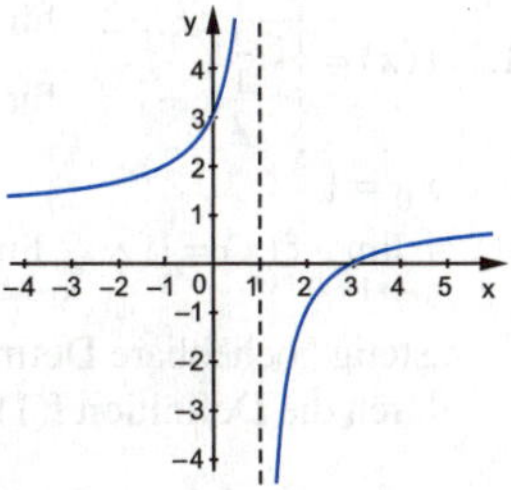

2. Man muss darauf achten, von welcher Seite die Annäherung erfolgt, z. B. gilt für

$f(x) = 2^{\frac{1}{x}}$ mit

$D_f = \mathbb{R} \setminus \{0\}, x_0 = 0$:

$f(x) = 2^{\frac{1}{x}}$

$\lim\limits_{x \to 0+0} 2^{\frac{1}{x}} = 2^{\infty} = \infty$

$\lim\limits_{x \to 0-0} 2^{\frac{1}{x}} = 2^{-\infty} = 0$

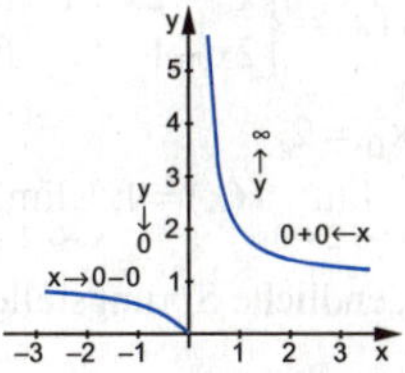

Im Fall, dass die Funktion f **abschnittsweise definiert** ist, z. B. durch die Vorschrift

$$f(x)=\begin{cases} f_1(x) & \text{für } x>x_0 \\ f_2(x) & \text{für } x<x_0 \end{cases}$$

sind folgende Fälle zu unterscheiden:

$\mathbf{x_0 \in D_{f_1} \wedge x_0 \in D_{f_2}}$: Dann gilt

$$\lim_{x\to x_0+0} f(x)=f_1(x_0) \wedge \lim_{x\to x_0-0} f(x)=f_2(x_0)$$

Für $f_1(x_0)=f_2(x_0)$: **stetig behebbare Definitionslücke** mit $f(x_0)=f_1(x_0)=f_2(x_0)$.

Für $f_1(x_0)\neq f_2(x_0)$: **endliche Sprungstelle**

Beispiel 1. $f(x)=\begin{cases} -\frac{1}{2}x^2+2 & \text{für } x>1 \\ \frac{1}{2}x+1 & \text{für } x<1 \end{cases}$

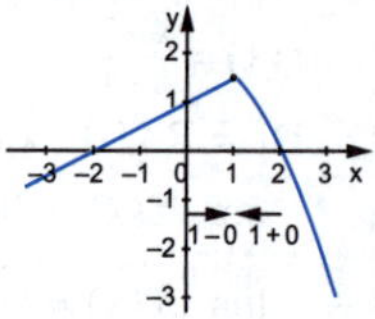

$x_0=1$

$$\lim_{x\to 1+0} f(x)=1 \wedge \lim_{x\to 1-0} f(x)=1$$

„stetig“ behebbare Definitionslücke durch die Definition $f(1)=1$.

2. $f(x)=\begin{cases} x^2-2x+1 & \text{für } x>2 \\ 2x+1 & \text{für } x<2 \end{cases}$

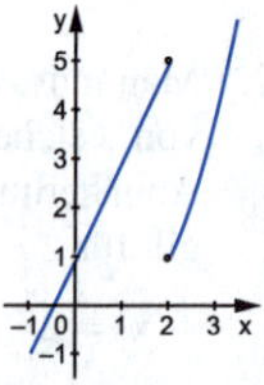

$x_0=2$

$$\lim_{x\to 2+0} f(x)=1;\ \lim_{x\to 2-0} f(x)=5$$

(„endliche Sprungstelle“)

$x_0 \notin D_{f_1}$ oder/und $x_0 \notin D_{f_2}$: Dann muss bei Annäherung an x_0 von rechts bzw. an x_0 von links so verfahren werden wie bei Funktionen, die durch eine Gleichung gegeben sind.

Für $\lim\limits_{x \to x_0+0} f_1(x) = \pm\infty$ oder/und

$\lim\limits_{x \to x_0-0} f_2(x) = \pm\infty$: **unendliche Sprungstelle**

Beispiel

$$f(x) = \begin{cases} x^2+2 & \text{für } x > 1 \\ \frac{1}{x-1} & \text{für } x < 1 \end{cases}$$

$x_0 = 1$

$\lim\limits_{x \to 1+0} f(x) = 3;$

$\lim\limits_{x \to 1-0} f(x) = -\infty$

(„unendliche Sprungstelle")

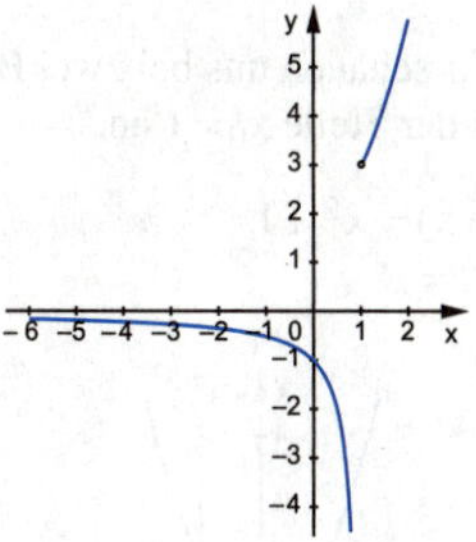

Die folgenden **Grenzwerte** sollte man kennen:

1. $\lim\limits_{x \to 0} \frac{\sin ax}{x} = a$
2. $\lim\limits_{x \to 0} (x \cdot \log_a x) = 0, \ a \in \mathbb{R}^+ \setminus \{1\}$
3. $\lim\limits_{x \to 0} \frac{a^x - 1}{x} = \ln a, \ a \in \mathbb{R}^+$

2 Stetigkeit

Stetigkeit ist allgemein die Eigenschaft, nicht sprunghaft abzulaufen. Diese Eigenschaft wird auf Funktionen übertragen, anschaulich klar gemacht und mithilfe von Grenzwerten definiert.

2.1 Stetigkeit an der Stelle x_0

Wir schauen uns bei zwei Beispielen den Verlauf der Graphen an der Stelle $x_0 = 1$ an.

$f_1(x) = x^2 + 1$,
$D_f = \mathbb{R}$

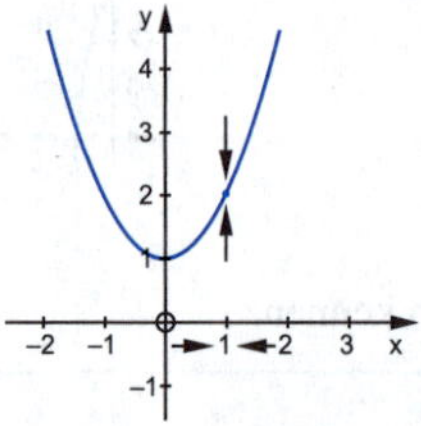

Bei der Funktion f_1 stellen wir fest, dass sich die Funktionswerte bei Annäherung von links und von rechts an $x_0 = 1$ immer mehr an den Funktionswert $f(1) = 2$ annähern. Der Graph reißt nicht ab, d. h. er kann durchgehend gezeichnet werden.
Die Funktion f_1 ist an der Stelle $x_0 = 1$ stetig.

$f_2(x) = \begin{cases} x+1 & \text{für } x \geq 1 \\ x & \text{für } x < 1 \end{cases}$,
$D_f = \mathbb{R}$

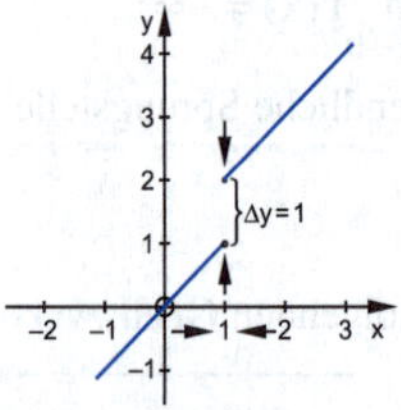

Die Funktion f_2 hat an der Stelle $x_0 = 1$ eine endliche Sprungstelle mit $\Delta y = 1$. Der Graph reißt ab, d. h. er kann nicht durchgehend gezeichnet werden.
Die Funktion f_2 ist an der Stelle $x_0 = 1$ unstetig.

Stetigkeit an der Stelle x_0

Eine Funktion f: $x \mapsto f(x)$ ist an der Stelle $x_0 \in D_f$ **stetig**, wenn sich bei Annäherung von links und bei Annäherung von rechts an den Wert x_0 jeweils der Wert $f(x_0)$ ergibt, d. h. wenn $\lim\limits_{x \to x_0 - 0} f(x) = \lim\limits_{x \to x_0 + 0} f(x) = f(x_0)$ gilt.

Anmerkungen:
- Jede Funktion, die durch einen geschlossenen Ausdruck gegeben ist, ist an jeder Stelle ihres Definitionsbereichs stetig.
- Wenn eine Funktion an einer Stelle x_0 nicht definiert ist, so ist sie dort nicht stetig.

Beispiel

1. Die Funktion $f: x \mapsto \frac{2}{x}$, $D_f = \mathbb{R} \setminus \{0\}$ ist für $x_0 = 1$ stetig, da dort gilt: $\lim\limits_{x \to 1-0} f(x) = \lim\limits_{x \to 1+0} f(x) = f(1) = 2$

   Die Funktion f ist für $x = 0$ nicht stetig, da sie dort nicht definiert ist.

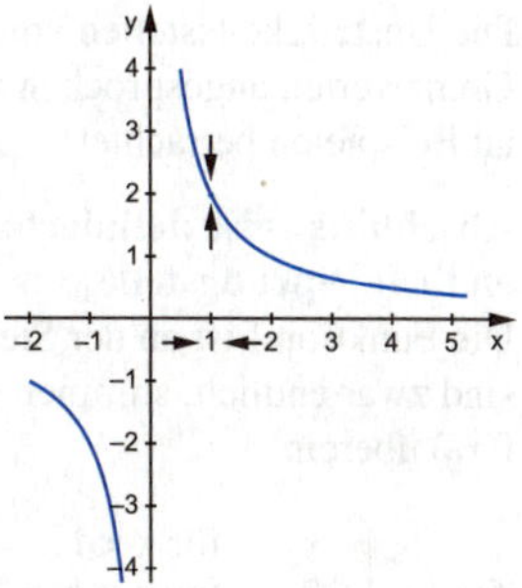

2. $f(x) = \begin{cases} x^2 + 1 & \text{für } x \le 1 \\ 3 - x & \text{für } x > 1 \end{cases}$,

   $D_f = \mathbb{R}$

   ist an der Nahtstelle $x_0 = 1$ stetig, weil

   $$\lim_{x \to 1-0} f(x) = \lim_{x \to 1+0} f(x) = f(1) = 2$$

   gilt.

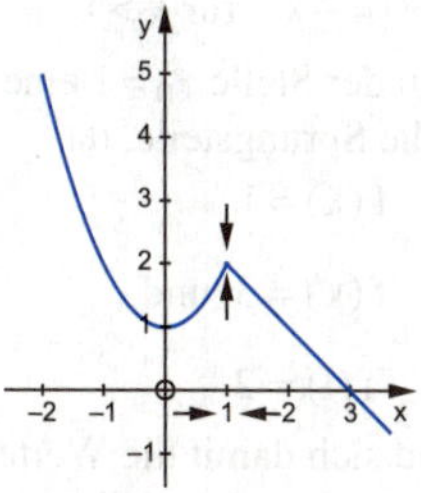

Aus dem Verlauf stetiger Funktionsgraphen folgt:

Nullstellensatz
Wenn eine Funktion f in allen Punkten eines abgeschlossenen Intervalls $I = [a; b]$ stetig ist und die Funktionswerte an den Intervallgrenzen unterschiedliche Vorzeichen besitzen, dann muss die Funktion im Intervall I mindestens einmal die x-Achse schneiden, d. h. mindestens eine Nullstelle besitzen.

Veranschaulichung:

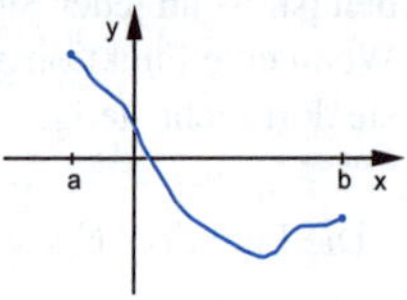

2.2 Arten der Unstetigkeit

Die Unstetigkeitsstellen von Funktionen sind bereits bei den Grenzwerten angesprochen worden. Sie werden hier nochmals an Beispielen betrachtet.

Abschnittsweise definierte Funktion und endliche Sprungstelle

Die Funktion f ist an der Stelle $x = x_0$ definiert, die Grenzwerte sind zwar endlich, stimmen aber nicht mit dem Funktionswert $f(x_0)$ überein.

Beispiel

$$f(x) = \begin{cases} x & \text{für } x < 1 \\ 2 & \text{für } x = 1, \\ 4 - x & \text{für } x > 1 \end{cases} \quad D_f = \mathbb{R}$$

f hat an der Stelle $x_0 = 1$ eine endliche Sprungstelle, da

$$\lim_{x \to 1-0} f(x) = 1,$$

$$\lim_{x \to 1+0} f(x) = 3 \text{ und}$$

$$f(1) = 2$$

gilt und sich damit die Werte jeweils um 1 unterscheiden.

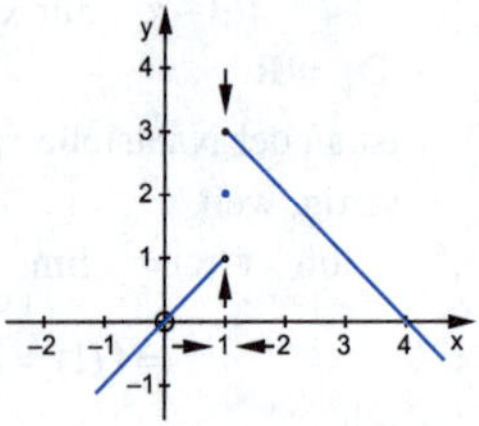

Abschnittsweise definierte Funktion und unendliche Sprungstelle

Die Funktion f ist an der Stelle $x = x_0$ definiert, aber ein Grenzwert ist unendlich.

Beispiel

$$f(x) = \begin{cases} x+1 & \text{für } x \geq 0 \\ \frac{1}{x} & \text{für } x < 0 \end{cases}, \quad D_f = \mathbb{R}$$

f hat an der Stelle $x_0 = 0$ eine unendliche Sprungstelle, weil

$$\lim_{x \to 0-0} f(x) = -\infty,$$

$$\lim_{x \to 0+0} f(x) = 1 \text{ und}$$

$$f(0) = 1$$

gilt. Bei Annäherung von rechts an die Stelle $x_0 = 0$ stimmen Grenzwert und Funktionswert überein. Die Funktion f ist **einseitig** stetig.

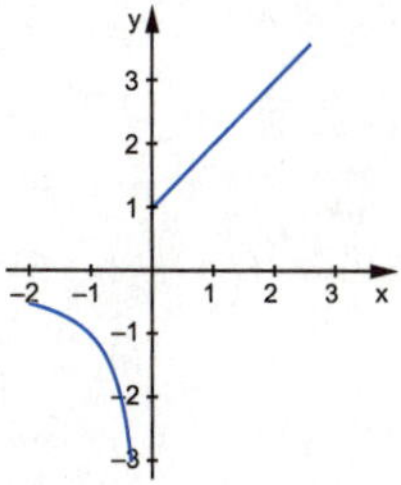

Funktion mit Definitionslücke, die stetig behoben werden kann

Die Funktion f ist an der Stelle $x = x_0$ nicht definiert, aber die Grenzwerte stimmen überein.

Beispiel

$$f(x) = \frac{x^2-1}{x-1}, \quad D_f = \mathbb{R} \setminus \{1\}$$

An der Stelle $x_0 = 1$ liegt eine Definitionslücke vor. Wegen

$$f(x) = \frac{x^2-1}{x-1} = \frac{(x+1)(x-1)}{x-1} = x+1$$

gilt: Man kann die Definitionslücke schließen durch die Vorgabe $f(1) = 2$. Man erhält eine stetige Fortsetzung f^* der Funktion f auf ganz $\mathbb{R}$ durch die Gleichung

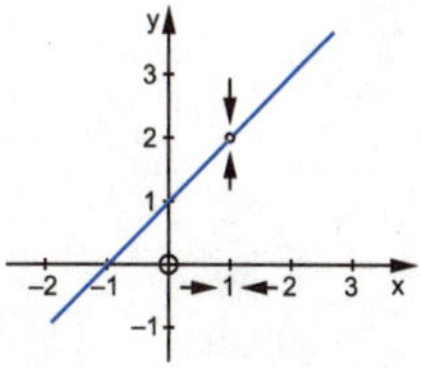

$$f^*(x) = x+1 = \begin{cases} \frac{x^2-1}{x-1} & \text{für } x \in \mathbb{R} \setminus \{1\} \\ 2 & \text{für } x = 1 \end{cases} \quad \text{mit } D_{f^*} = \mathbb{R}$$

Differenzieren reeller Funktionen

1 Steigung und Ableitung

Bei einer Funktion f interessiert man sich nicht nur für den Funktionswert an einer Stelle x_0, sondern auch dafür, welche Änderungstendenz die Funktion an dieser Stelle hat: Nimmt sie zu oder nimmt sie ab und wie „groß“ ist diese Änderung?

An der nebenstehenden Skizze erkennt man, dass die Steilheit, d. h. die Steigung des Graphen G_f an der Stelle x_0 ein geeignetes Maß dieser Änderungstendenz ist.

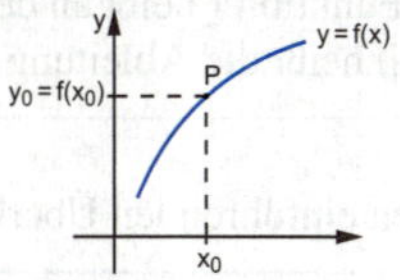

Den Begriff der Steigung kennen wir von der linearen Funktion, d. h. von der Geraden her.
Dort gilt:

$$m = \frac{y_1 - y_0}{x_1 - x_0} = \frac{f(x_1) - f(x_0)}{x_1 - x_0} = \frac{\Delta y}{\Delta x}$$

$\wedge$ $\tan \alpha = m$

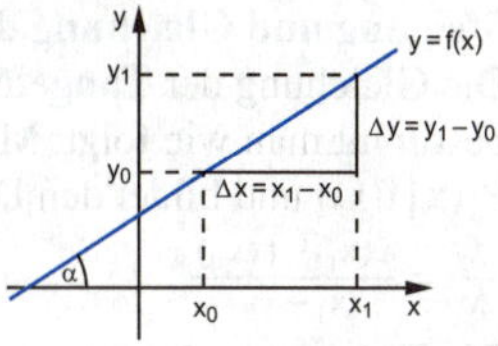

Bei einem gekrümmten Graphen können wir diesen durch ein Geradenstück, eine Sekante, ersetzen.
Der Term

$$\frac{\Delta y}{\Delta x} = \frac{f(x) - f(x_0)}{x - x_0} = \frac{f(x_0 + h) - f(x_0)}{h}$$

heißt **Differenzenquotient**.

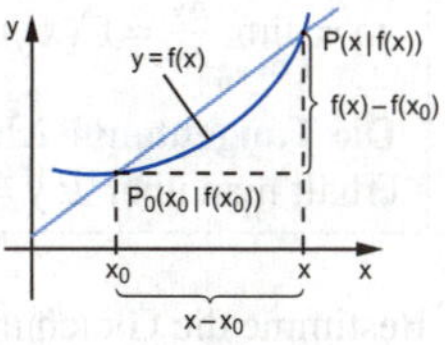

Die Steigung der Sekante nähert sich immer mehr der **Steigung der Tangente** an, wenn der Punkt Q auf den Punkt P_0 zuwandert. Diese Tangentensteigung wird als **Steigung der Kurve** mit der Gleichung $y = f(x)$ im Punkt $P(x_0 \mid y_0)$ definiert.

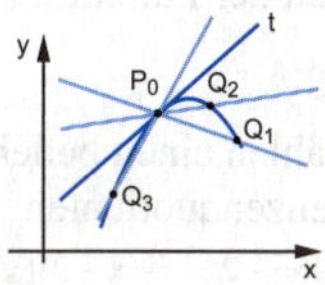

Ableitung

Der Grenzwert des Differenzenquotienten

$$m = \lim_{\Delta x \to 0} \frac{\Delta x}{\Delta y} = \lim_{x \to x_0} \frac{f(x) - f(x_0)}{x - x_0} = \lim_{h \to 0} \frac{f(x_0 + h) - f(x_0)}{h}$$

$$= f'(x_0)$$

heißt **Differentialquotient**, wird mit $f'(x_0)$ bezeichnet und gibt die Steigung der Tangente und damit die Steigung der Kurve im Punkt $P_0(x_0 \mid f(x_0))$ an.

Die Funktion f heißt an der Stelle x_0 **differenzierbar** und $f'(x_0)$ heißt die Ableitung von f an der Stelle x_0.

Mit den einführenden Überlegungen erhalten wir jetzt

Steigung und Gleichung der Tangente

Die Gleichung der **Tangente t** in einem Punkt $P_0(x_0 \mid f(x_0))$ bestimmt man wie folgt: Man wählt einen beliebigen Punkt $P_1(x \mid f(x))$ und bildet den Differenzenquotienten

$$\frac{\Delta y}{\Delta x} = \frac{f(x_1) - f(x_0)}{x_1 - x_0}$$

Die **Tangentensteigung** erhält man aus

$$m = \lim_{x \to x_0} \frac{\Delta y}{\Delta x} = f'(x_0).$$

Die **Tangentengleichung** durch den Punkt $P_0(x_0 \mid f(x_0))$ erhält man über $t\colon y = m \cdot (x - x_0) + y_0 \ \wedge \ m = f'(x_0)$

Beispiel Bestimme die Gleichung der Tangente t im Punkt $P_0(2 \mid 2)$ des Graphen der Funktion f mit $y = \frac{1}{2}x^2$.

Lösung:

Wir wählen einen beliebigen Punkt $P_1\left(x \mid \frac{1}{2}x^2\right)$ und bilden den Differenzenquotienten

$$\frac{\Delta y}{\Delta x} = \frac{\frac{1}{2}x^2 - 2}{x - 2} = \frac{\frac{1}{2}(x-2)(x+2)}{x - 2} = \frac{1}{2}(x+2)$$

Die Tangentensteigung erhält man als

$$m = f'(1) = \lim_{x \to 1} \frac{\Delta y}{\Delta x} = 2$$

Damit erhält man als gesuchte Tangentengleichung:
t: $y = 2 \cdot (x-2) + 2 = 2x - 2$
Im Scheitel $S(0\,|\,0)$ der Parabel liegt eine waagrechte Tangente vor, d. h. die Steigung ist Null.
Es gilt also:

$$f'(0) = 0 \;\wedge\; t\colon y = 0$$

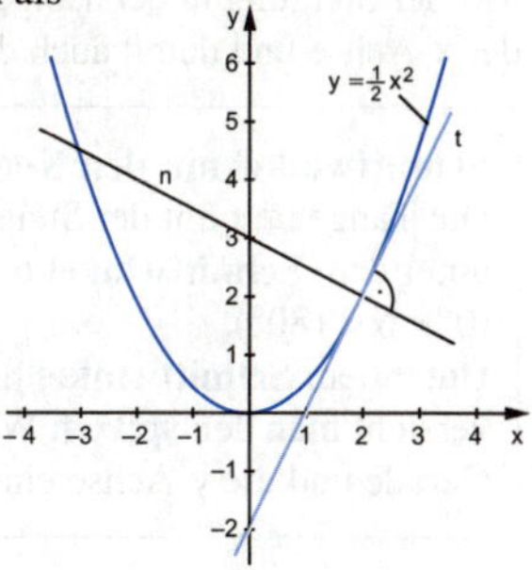

Wenn die Richtung der Tangente t festliegt, kennt man auch die Lotrichtung. Es gilt:

Normale
Die Gerade n durch einen Punkt $P_0(x_0\,|\,f(x_0))$, die senkrecht auf der Tangente t steht, heißt Normale. Für ihre Steigung gilt:

$$m_n = -\frac{1}{m_t}$$

Beispiel

Bestimme die Gleichung der Normalen n zur Tangente t im Punkt $P_0(2\,|\,2)$ der Funktion f: $y = \frac{1}{2}x^2$.

Lösung:
Oben haben wir gefunden: $m_t = 2$. Daraus folgt:

$$m_n = -\frac{1}{2} \;\Rightarrow\; y = -\frac{1}{2} \cdot (x-2) + 2 = -\frac{1}{2}x + 3$$

Mit der Steigung m der Tangente t liegt der Schnittwinkel mit der x-Achse und damit auch der mit der y-Achse fest. Es gilt:

Schnittwinkel mit den Koordinatenachsen

Die Tangente t mit der Steigung m schneidet die **x-Achse** unter dem **Schnittwinkel α**, für den gilt: $\tan\alpha = m$ ($0° < \alpha < 180°$).

Unter dem **Schnittwinkel β** einer Geraden mit der **y-Achse** versteht man den **spitzen** Winkel ($0° < \beta < 90°$), den die Gerade und die y-Achse einschließen.

$m > 0$:

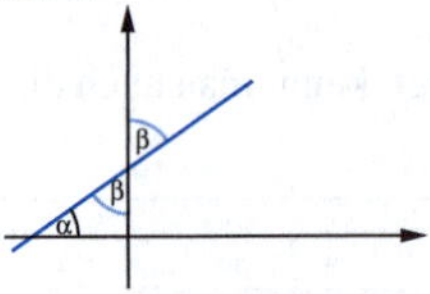

$m < 0$:

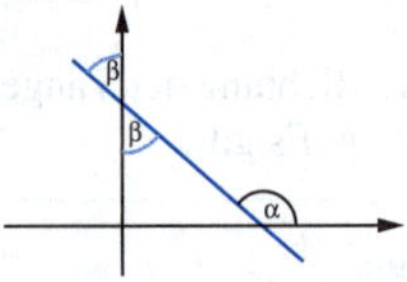

Für $m > 0$ gilt: $\beta = 90° - \alpha$

Für $m < 0$ gilt: $\beta = 90° - (180° - \alpha) = \alpha - 90°$

Beispiel Eine Gerade hat die Steigung $m = 2$.
Bestimme die Schnittwinkel mit den Koordinatenachsen.
Lösung:
$\tan\alpha = 2 \Rightarrow \alpha = 63{,}43°$
Es gilt: $\beta = 90° - 63{,}43 = 26{,}57°$

Aus den Schnittwinkeln der Tangenten an zwei Graphen in einem gemeinsamen Punkt folgt:

Schnittwinkel von Funktionsgraphen
Unter dem **Schnittwinkel φ zweier Funktionsgraphen** in einem Punkt $P_0(x_0 \mid y_0)$ versteht man den **spitzen** Winkel ($0° < \varphi < 90°$), den die Tangenten in diesem Punkt miteinander bilden.

Die beiden Tangenten t und t' schneiden die x-Achse unter den Winkeln α und β mit $\tan\alpha = m$ und $\tan\beta = m'$, so gilt für den Schnittwinkel: $\varphi = |\alpha - \beta|$.
Verwendet man das Additionstheorem für den Tangens, so erhält man:

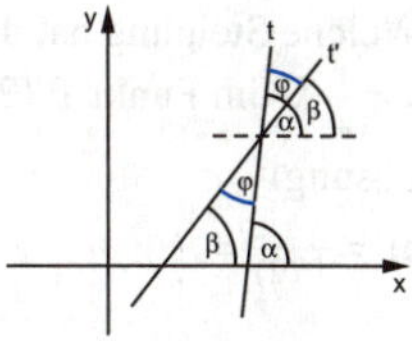

$$\tan\varphi = \left|\frac{m - m'}{1 + m \cdot m'}\right|$$

Daraus folgt: Zwei Graphen G_f und G_g schneiden sich im Punkt $P_0(x_0 \mid y_0)$ **senkrecht**, wenn für ihre Steigungen $m = f'(x_0)$ und $m' = g'(x_0)$ gilt: $\mathbf{m \cdot m' = -1}$, weil für $m' = -\frac{1}{m}$ die eine Tangente die Normale zur anderen Tangente ist.

Beispiel

Bestimme den Schnittwinkel α des Graphen der Funktion f: $y = \frac{1}{2}x^2$ mit der Geraden g: $y = -x + 4$.

Lösung:
Der Funktionsgraph G_f und die Gerade g: $y = -x + 4$ schneiden sich im Punkt $P_0(2 \mid 2)$ mit $m = f'(2) = 2$ und $m' = -1$ unter dem Winkel α:

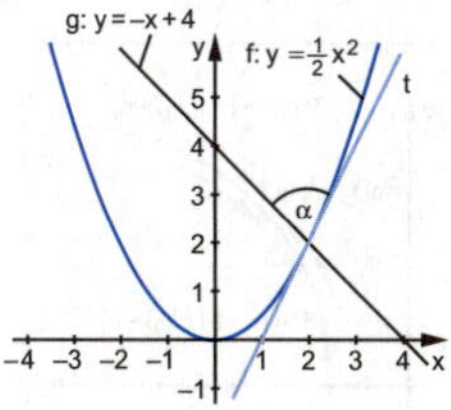

$$\tan\alpha = \left|\frac{2 + 1}{1 + 2 \cdot (-1)}\right| = \left|\frac{3}{-1}\right| = 3$$

$\Rightarrow \alpha = 71{,}57°$

Die Steigung der Umkehrfunktion f^{-1} steht wegen der Spiegelung an $y = x$ in dem folgenden Zusammenhang mit der Steigung der Funktion f:

Steigung der Umkehrfunktion

Für die Steigung m' der Umkehrfunktion f^{-1} im Punkt $P'(y_0 | x_0)$ gilt:

$$m' = (f^{-1})'(y_0) = \frac{1}{f'(x_0)} = \frac{1}{m_t}$$

Beispiel Welche Steigung hat die Umkehrfunktion f^{-1} der Funktion f: $y = \frac{1}{2} x^2$ im Punkt $P'(2 | 2) \in f^{-1}$?

Lösung:

$$m' = \frac{1}{f'(2)} = \frac{1}{2}$$

Aus der Definition der Differenzierbarkeit folgt für die Stetigkeit einer Funktion f: Die Annäherung an die Stelle x_0 von links und von rechts muss auf den gleichen Grenzwert führen.

Stetigkeit und Differenzierbarkeit

Eine in x_0 differenzierbare Funktion f muss in x_0 stetig sein. Die Ableitung einer Funktion ist nur im Inneren von $D_{f'}$ definiert, an Randpunkten existiert nur ein einseitiger Grenzwert. An einer isolierten Stelle x_0 ist eine Funktion f nicht differenzierbar.

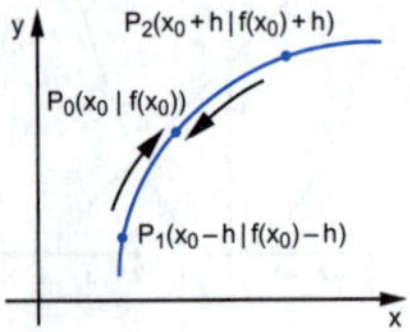

An der Nahtstelle einer abschnittsweise definierten Funktion kann man nur dann eine Tangente zeichnen, wenn die Funktion stetig ist und die beiden Äste des Graphen die gleiche Steigung besitzen. Es gilt folglich:

Differenzierbarkeit an einer Nahtstelle
Eine **abschnittsweise definierte Funktion** f ist an einer Nahtstelle $x = x_0$ differenzierbar, wenn gilt:
1. f ist für $x = x_0$ stetig.
2. $\lim\limits_{x \to x_0 + 0} \frac{\Delta y}{\Delta x} = \lim\limits_{x \to x_0 - 0} \frac{\Delta y}{\Delta x} = f'(x_0)$

Beispiel

1. $f(x) = \begin{cases} x-1 & \text{für} \quad x \le 1 \\ x+1 & \text{für} \quad x > 1 \end{cases}, \ D_f = \mathbb{R}$

Existiert f'(1)?

Lösung:
Obwohl

$$\lim_{x \to 1+0} \frac{\Delta y}{\Delta x} = \lim_{x \to 1-0} \frac{\Delta y}{\Delta x} = 1$$

(konstante Geradensteigung) gilt, ist f an der Stelle $x_0 = 1$ nicht differenzierbar, weil sie dort unstetig ist.
Es gilt dort:

$$\lim_{x \to 1-0} f(x) = f(1) = 0$$

$$\lim_{x \to 1+0} f(x) = 2$$

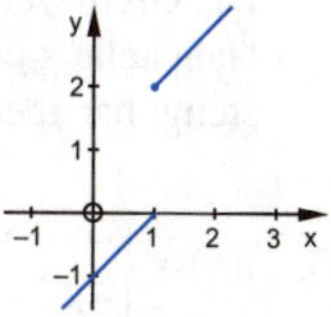

Für $x = 1$ liegt eine endliche Sprungstelle vor. Der Graph bestätigt die Rechnung.

Das folgende Beispiel zeigt: **Eine stetige Funktion muss nicht notwendig differenzierbar sein.**

2. $f(x)=\begin{cases} x^2 & \text{für } x \geq 1 \\ 2-x & \text{für } x < 1 \end{cases}, D_f=\mathbb{R}$

Existiert f'(1)?

Lösung:

$$\left.\begin{array}{r} \lim\limits_{x\to 1+0} f(x)=1 \\ \lim\limits_{x\to 1-0} f(x)=1 \\ f(x)=1 \end{array}\right\} \text{ f ist für } x_0=1 \text{ stetig}$$

Rechtsseitiger Steigungswert mit $P_1(x\,|\,x^2)$:

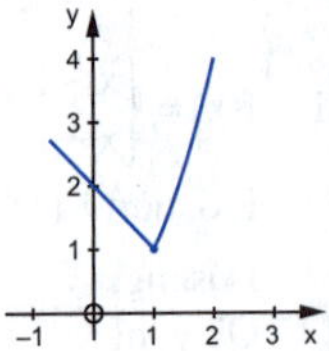

$$\lim_{x\to 1+0} \frac{\Delta y}{\Delta x} = \lim_{x\to 1+0} \frac{x^2-1}{x-1} = \lim_{x\to 1+0} \frac{(x+1)(x-1)}{x-1} = \lim_{x\to 1+0} (x+1)=2$$

Linksseitiger Steigungswert mit $P_1'(x\,|\,2-x)$:

$$\lim_{x\to 1-0} \frac{\Delta y}{\Delta x} = -1 \text{ (konstante Geradensteigung)}$$

Die Grenzwerte stimmen nicht überein, d. h. es gibt an der Nahtstelle $x_0=1$ keine Ableitung. Der Graph G_f ist zwar stetig, hat aber an der Stelle $x_0=1$ einen „Knick“.

3. $f(x)=\begin{cases} x^2 & \text{für } x \leq 1 \\ -x^2+4x-2 & \text{für } x > 1 \end{cases}, D_f=\mathbb{R}$

Existiert f'(1)?

Lösung:

$$\left.\begin{array}{r} \lim\limits_{x\to 1+0} f(x)=1 \\ \lim\limits_{x\to 1-0} f(x)=1 \\ f(x)=1 \end{array}\right\} \text{ f ist für } x_0=1 \text{ stetig}$$

Rechtsseitiger Steigungswert mit $P_1(x\,|\,-x^2+4x-2)$:

$$\lim_{x\to 1+0}\frac{\Delta y}{\Delta x}=\lim_{x\to 1+0}\frac{-x^2+4x-3}{x-1}$$

$$=\lim_{x\to 1+0}\frac{-(x-3)(x-1)}{x-1}$$

$$=\lim_{x\to 1+0}(-x+3)=2$$

Linksseitiger Steigungswert mit $P_1'(x\,|\,x^2)$:

$$\lim_{x\to 1-0}\frac{\Delta y}{\Delta x}=\lim_{x\to 1-0}\frac{x^2-1}{x-1}$$

$$=\lim_{x\to 1-0}\frac{(x+1)(x-1)}{x-1}$$

$$=\lim_{x\to 1-0}(x+1)=2$$

Die Funktion f ist an der Stelle $x_0 = 1$ differenzierbar.
Es gilt $f'(1) = 2$
Die Tangente t hat dann die Gleichung
t: $y = 2(x-1)+1 = 2x-1$

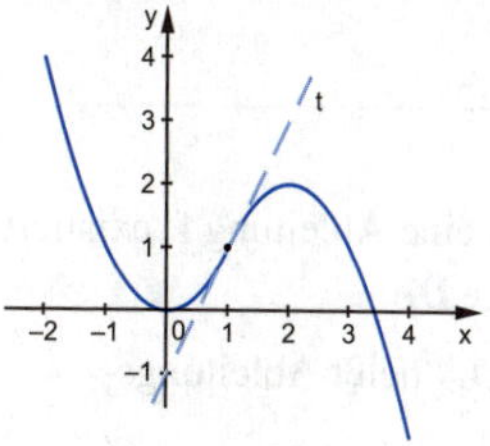

2 Ableitungsfunktion und Ableitungsregeln

Zur Differentiation von Funktionen, die sich aus den Elementarfunktionen zusammensetzen lassen, benötigen wir noch einige allgemeine Ableitungsregeln. Diese werden nach der Definition der Ableitungsfunktion und der Zusammenstellung der Ableitungen der Elementarfunktionen vorgestellt und an Beispielen erläutert.

2.1 Ableitungsfunktion

Fragt man nicht nach der Steigung in einem bestimmten Punkt, sondern in einem beliebigen Punkt $P_0(x_0 \mid f(x_0))$, so wird jedem x_0 eindeutig eine Ableitung $f'(x_0)$ zugeordnet, die über

$$f'(x_0) = \lim_{x \to x_0} \frac{f(x) - f(x_0)}{x - x_0}$$

bestimmt wird. Diese Zuordnung ist eine Funktion. Wir legen fest:

> **Ableitungsfunktion**
> Die Menge aller $x \in D_f$, in denen eine Ableitung f' existiert, heißt **Differenzierbarkeitsmenge $D_{f'}$**.
>
> Die Funktion $f': x \mapsto f'(x),\ x \in D_{f'}$ heißt Ableitungsfunktion.

Für die Ableitungsfunktion kennt man die symbolische Schreibweise nach Leibniz:

$$f'(x) = \lim_{\Delta x \to 0} \frac{\Delta y}{\Delta x} = \frac{dy}{dx}$$ Gelesen: „dy nach dx“

Beispiel Wir haben auf Seite 51 die Steigung der Tangente (Ableitung) der Funktion $f: x \mapsto f(x) = \frac{1}{2}x^2$ im Punkt $P_0(2 \mid 2)$ berechnet.

Was ergibt die Ableitung in einem beliebigen Punkt $P_0\left(x_0 \,\middle|\, \frac{1}{2}x_0^2\right)$?

Lösung:
Wie bei der Berechnung der Ableitung verwenden wir einen Punkt $P\left(x \middle| \frac{1}{2}x^2\right) \in f$ und bilden den Grenzwert des Differenzenquotienten:

$$f'(x_0) = \lim_{x \to x_0} \frac{\frac{1}{2}x^2 - \frac{1}{2}x_0^2}{x - x_0} = \lim_{x \to x_0} \frac{\frac{1}{2}(x^2 - x_0^2)}{x - x_0}$$

$$= \lim_{x \to x_0} \frac{\frac{1}{2}(x - x_0)(x + x_0)}{x - x_0} = \lim_{x \to x_0} \frac{1}{2}(x + x_0) = x_0$$

$\Rightarrow f'(x) = x$

Ableitungsfunktionen von Elementarfunktionen

1. $f(x) = c \wedge c \in \mathbb{R} \quad \Rightarrow \quad f'(x) = 0$
2. $f(x) = x \quad \Rightarrow \quad f'(x) = 1$
3. $f(x) = x^2 \quad \Rightarrow \quad f'(x) = 2x$
4. $f(x) = x^3 \quad \Rightarrow \quad f'(x) = 3x^2$
5. Allgemein (Potenzregel):
   $f(x) = x^n \quad \Rightarrow \quad f'(x) = n \cdot x^{n-1}$
   Diese Ableitungsregel lässt sich auf alle $n \in \mathbb{R} \setminus \{0\}$ erweitern!
6. $f(x) = \frac{1}{x} \quad \Rightarrow \quad f'(x) = -\frac{1}{x^2}$
7. $f(x) = \sqrt{x} \quad \Rightarrow \quad f'(x) = \frac{1}{2\sqrt{x}}$
8. $f(x) = \sin x \quad \Rightarrow \quad f'(x) = \cos x$
9. $f(x) = \cos x \quad \Rightarrow \quad f'(x) = -\sin x$
10. $f(x) = e^x \quad \Rightarrow \quad f'(x) = e^x$
11. $f(x) = a^x \quad \Rightarrow \quad f'(x) = a^x \cdot \ln a$
12. $f(x) = \ln x \quad \Rightarrow \quad f'(x) = \frac{1}{x}$
13. $f(x) = \log_a x \quad \Rightarrow \quad f'(x) = \frac{1}{x \cdot \ln a}$

2.2 Ableitungsregeln

Im Allgemeinen setzen sich Funktionen, die in der Praxis benötigt werden, aus Elementarfunktionen zusammen. Zur Differentiation solcher Funktionen benötigen wir die folgenden Ableitungsregeln.
Wir gehen davon aus, dass die Funktionen $g: x \mapsto g(x)$ und $h: x \mapsto h(x)$ in einem gemeinsamen Bereich D' differenzierbar sind.

Ableitung von Summe und Differenz zweier Funktionen
$f(x) = g(x) \pm h(x) \quad \Rightarrow \quad f'(x) = g'(x) \pm h'(x)$
Die Ableitung einer Summe (Differenz) ist gleich der Summe (Differenz) der Ableitungen.

Beispiel $f(x) = x^3 + x^2 - x + 5 \quad \Rightarrow \quad f'(x) = 3x^2 + 2x - 1$

Ableitung einer Funktion mit konstantem Faktor
$f(x) = k \cdot g(x) \quad \Rightarrow \quad f'(x) = k \cdot g'(x)$
Der konstante Faktor bleibt erhalten.

Beispiel

1. $f(x) = 6x^3 + 2x^2 - 8x + 5 \Rightarrow f'(x) = 6 \cdot (3x^2) + 2 \cdot (2x) - 8 \cdot (1) = 18x^2 + 4x - 8$
2. $f(x) = 2x^2 + \frac{4}{x} \Rightarrow f'(x) = 4x - \frac{4}{x^2}$
3. $f(x) = 6\sqrt{x} - 3x + 2 \Rightarrow f'(x) = \frac{3}{\sqrt{x}} - 3$
4. $f(x) = 2 \sin x - 3x \Rightarrow f'(x) = 2 \cos x - 3$

Produktregel

$f(x) = g(x) \cdot h(x) \quad \Rightarrow \quad f'(x) = g'(x) \cdot h(x) + g(x) \cdot h'(x)$

Beispiel

1. $f(x) = x^2 \cdot (2x^2 - 3x + 2)$
   Mit der Produktregel:
   $f'(x) = 2x \cdot (2x^2 - 3x + 2) + x^2 \cdot (4x - 3)$
   $= 4x^3 - 6x^2 + 4x + 4x^3 - 3x^2$
   $= 8x^3 - 9x^2 + 4x$
   direkt:
   $f(x) = x^2 \cdot (2x^2 - 3x + 2)$
   $= 2x^4 - 3x^3 + 2x^2$
   $\Rightarrow \quad f'(x) = 8x^3 - 9x^2 + 4x$
2. $f(x) = x \cdot \sin x$
   Kann nur mit der Produktregel differenziert werden:
   $f'(x) = 1 \cdot \sin x + x \cdot \cos x = \sin x + x \cdot \cos x$
3. $f(x) = x^2 \cdot e^x$
   $f'(x) = 2x \cdot e^x + x^2 \cdot e^x = (2x + x^2) \cdot e^x$
4. $f(x) = x \cdot \ln x$
   $f'(x) = 1 \cdot \ln x + x \cdot \frac{1}{x} = \ln x + 1$

Quotientenregel

$$f(x) = \frac{g(x)}{h(x)} \wedge h(x) \neq 0 \Rightarrow f'(x) = \frac{g'(x) \cdot h(x) - g(x) \cdot h'(x)}{[h(x)]^2}$$

Anmerkung: Den Nenner in der Ableitung lässt man immer als Potenz stehen, der Zähler wird ausmultipliziert und zusammengefasst.

Beispiel

1. $f(x) = \frac{x^2-1}{x^2+1}$, $D_f = \mathbb{R}$

   $$f'(x) = \frac{2x(x^2+1) - (x^2-1) \cdot 2x}{(x^2+1)^2} = \frac{2x^3 + 2x - 2x^3 + 2x}{(x^2+1)^2} = \frac{4x}{(x^2+1)^2}$$

2. $f(x) = \frac{x^2}{2-x}$, $D_f = \mathbb{R} \setminus \{2\}$

   $$f'(x) = \frac{2x(2-x) - x^2 \cdot (-1)}{(2-x)^2} = \frac{4x - 2x^2 + x^2}{(2-x)^2} = \frac{4x - x^2}{(2-x)^2}$$

3. $f(x) = \frac{1}{x+2}$, $D_f = \mathbb{R} \setminus \{-2\}$

   $$f'(x) = \frac{0 \cdot (x+2) - 1 \cdot 1}{(x+2)^2} = \frac{-1}{(x+2)^2}$$

4. $f(x) = \tan x = \frac{\sin x}{\cos x}$

   $$f'(x) = \frac{\cos x \cdot \cos x - \sin x \cdot (-\sin x)}{(\cos x)^2} = \frac{(\cos x)^2 + (\sin x)^2}{(\cos x)^2} = \frac{1}{(\cos x)^2}$$

   $$= 1 + (\tan x)^2,$$

   weil $(\cos x)^2 + (\sin x)^2 = 1$ gilt.

$$\Rightarrow \quad f(x) = \tan x \Rightarrow f'(x) = \frac{1}{(\cos x)^2} = 1 + (\tan x)^2$$

5. $f(x) = \frac{e^x}{x}$, $D_f = \mathbb{R} \setminus \{0\}$

   $$f'(x) = \frac{e^x \cdot x - e^x \cdot 1}{x^2} = \frac{e^x(x-1)}{x^2}$$

Kettenregel

$f(x) = g(h(x)) \Rightarrow f'(x) = g'(h(x)) \cdot h'(x)$

Anmerkung: Die Kettenregel kann auch symbolisch in der Leibnitz-Form angegeben werden:

$\frac{dy}{dx} = \frac{dy}{du} \cdot \frac{du}{dy}$ bzw. mehrfach: $\frac{dy}{dx} = \frac{dy}{du} \cdot \frac{du}{dv} \cdot \frac{dv}{\dots} \cdot \dots \cdot \frac{\dots}{dx}$

Beispiel

1. $f(x) = (x^2 + 1)^2$ mit $h(x) = x^2 + 1$ und $g(x) = (h(x))^2$
   $f'(x) = 2 \cdot h(x) \cdot h'(x) = 2 \cdot (x^2 + 1) \cdot 2x = 4x(x^2 + 1) = 4x^3 + 4x$

2. $f(x) = \sqrt{3x^3 + 5x^2}$ mit $h(x) = 3x^3 + 5x^2$ und $g(x) = \sqrt{h(x)}$
   $$f'(x) = \frac{1}{2\sqrt{h(x)}} \cdot h'(x) = \frac{1}{2\sqrt{3x^3+5x^2}} \cdot (9x^2 + 10x)$$
   $$= \frac{9x^2+10x}{2\sqrt{3x^2+5x^2}}$$

3. $f(x) = \sin 3x$ mit $h(x) = 3x$ und $g(x) = \sin h(x)$
   $f'(x) = \cos(h(x)) \cdot h'(x) = \cos 3x \cdot 3 = 3 \cdot \cos 3x$
   Es gilt allgemein:

   $f(x) = \sin k \cdot x \Rightarrow f'(x) = k \cdot \cos k \cdot x$
   $f(x) = \cos k \cdot x \Rightarrow f'(x) = -k \cdot \sin k \cdot x$

4. $f(x) = \frac{x^2}{(x-1)^2}$, $D_f = \mathbb{R} \setminus \{1\}$

   Verwendung der Qutientenregel und der Kettenregel:
   $$f'(x) = \frac{2x(x-1)^2 - x^2 \cdot 2(x-1)}{(x-1)^4} = \frac{(x-1)[2x^2 - 2x - 2x^2]}{(x-1)^4}$$
   $$= \frac{-2x}{(x-1)^3}$$

5. $f(x) = x^2 \cdot \sin\sqrt{x}$, $D_f = \mathbb{R}_0^+$

   Verwendung der Produktregel und der Kettenregel:
   $$f'(x) = 2x \cdot \sin\sqrt{x} - x^2 \cdot (-\cos\sqrt{x}) \cdot \frac{1}{2\sqrt{x}}$$
   $$= 2x \sin\sqrt{x} + \frac{x^2}{2\sqrt{x}} \cos\sqrt{x}$$

6. $f(x) = \sqrt{\sin 3x^2}$, $D_f = \mathbb{R}$

Zweimalige Verwendung der Kettenregel:

$$f'(x) = \frac{1}{2\sqrt{\sin 3x^2}} \cdot \cos 3x^2 \cdot 6x = \frac{3x \cdot \cos 3x^2}{\sqrt{\sin 3x^2}}$$

7. $f(x) = x \cdot e^{-\frac{1}{2}x^2}$, $D_f = \mathbb{R}$

Verwendung der Produktregel und der Kettenregel:

$$f'(x) = 1 \cdot e^{-\frac{1}{2}x^2} + x \cdot e^{-\frac{1}{2}x^2} \cdot (-x) = e^{-\frac{1}{2}x^2}(1 - x^2)$$

8. $f(x) = \frac{\ln(1-x^2)}{x}$, $D_f =]-1; 1[\setminus \{0\}$

Verwendung der Quotientenregel und der Kettenregel:

$$f'(x) = \frac{\frac{1}{1-x^2} \cdot (-2x) \cdot x - \ln(1-x^2) \cdot x}{x^2} = \frac{\frac{-2x^2 - x(1-x^2)\ln(1-x^2)}{1-x^2}}{x^2}$$

$$= \frac{-x(2x + (1-x^2)) \cdot \ln(1-x^2)}{x^2 \cdot (1-x^2)}$$

2.3 Höhere Ableitungen

Häufig ist die Ableitungsfunktion f' einer Funktion f wieder differenzierbar. Für die Ableitungsfunktion der Ableitungsfunktion f' schreibt man $(f'(x))' = f''(x)$ und nennt diese **Ableitungsfunktion 2. Ordnung** oder **2. Ableitung**. Wir legen fest:

Höhere Ableitungen

Die Ableitungsfunktion f' einer Funktion f wird als **1. Ableitung** bezeichnet.

Ist auch f' differenzierbar, so erhält man die **2. Ableitung** f'' von f.

Existiert die n-te Ableitung $f^{(n)}(x)$, dann heißt die Funktion f **n-mal differenzierbar**.

Beispiel

1. $f(x)=2x^3-\frac{1}{2}x^2+3x,\ D_f=\mathbb{R}$

   $f'(x)=6x^2-x+3$
   $f''(x)=12x-1$
   $f'''(x)=12$
   $f^{(4)}(x)=0$
   usw.

2. $f(x)=\sin x,\ D_f=\mathbb{R}$

   $f'(x)=\cos x$
   $f''(x)=-\sin x$
   $f'''(x)=-\cos x$
   $f^{(4)}(x)=\sin x=f(x)$ usw.

3. $f(x)=\frac{2x^2-8}{x^2-2},\ D_f=\mathbb{R}\setminus\{\pm\sqrt{2}\}$

   $$f'(x)=\frac{4x(x^2-2)-(2x^2-8)\cdot 2x}{(x^2-2)^2}=\frac{4x^3-8x-4x^3+16x}{(x^2-2)^2}=\frac{8x}{(x^2-2)^2}$$

   $$f''(x)=\frac{8\cdot(x^2-2)^2-8x\cdot 2(x^2-2)\cdot 2x}{(x^2-2)^4}=\frac{(x^2-2)\cdot[8x^2-16-32x^2]}{(x^2-2)^4}$$

   $$=\frac{-24x^2-16}{(x^2-2)^4}$$

4. $f(x)=\sqrt{x^2+1},\ D_f=\mathbb{R}$

   $$f'(x)=\frac{1}{2\sqrt{x^2+1}}\cdot 2x=\frac{x}{\sqrt{x^2+1}}$$

   $$f''(x)=\frac{1\cdot\sqrt{x^2+1}-x\cdot\frac{1}{2\sqrt{x^2+1}}\cdot 2x}{(\sqrt{x^2+1})^2}=\frac{\sqrt{x^2+1}-\frac{x^2}{\sqrt{x^2+1}}}{x^2+1}=\frac{\frac{x^2+1-x^2}{\sqrt{x^2+1}}}{x^2+1}$$

   $$=\frac{1}{(x^2+1)\cdot\sqrt{x^2+1}}=\frac{1}{\sqrt{(x^2+1)^3}}$$

5. $f(x)=x\cdot e^{-x},\ D_f=\mathbb{R}$

   $f'(x)=1\cdot e^{-x}+x\cdot e^{-x}\cdot(-1)=(1-x)\cdot e^{-x}$
   $f''(x)=-1\cdot e^{-x}+(1-x)\cdot e^{-x}\cdot(-1)=e^{-x}(-1-1+x)=$
   $=(x-2)\cdot e^{-x}$

Kurvendiskussion

Allgemeine Eigenschaften von Funktionen werden jetzt unter der Kenntnis der Ableitungsfunktion betrachtet und für eingehende Funktionsuntersuchungen zusammengestellt. Danach folgen charakteristische Beispiele für die Diskussion einzelner Funktionsarten, zum Aufstellen von Funktionen und für anwendungsbezogene Extremwertaufgaben.

1 Eigenschaften von Funktionen aus den Ableitungen

1.1 Monotonie und Extremwerte

Wenn eine Funktion f in einem Punkt $P_0(x_0 \mid f(x_0))$ eine **positive** Tangentensteigung besitzt, dann gibt es eine Umgebung von x_0, in der f streng monoton **zunehmend (wachsend)** ist.

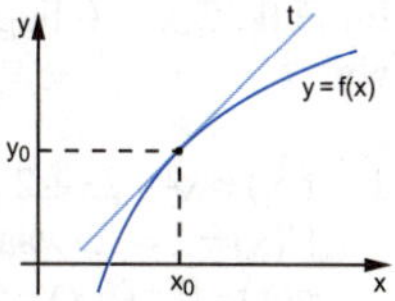

Es gilt:

> **Streng monoton zunehmende Funktion**
> $f'(x) > 0$ für $x \in \,]a; b[\;\Rightarrow\;$ f ist in $I = \,]a; b[$ streng monoton zunehmend.

Beispiel

$f(x) = \ln x$, $D_f = \mathbb{R}^+$

$f'(x) = \frac{1}{x} > 0$ für $x \in \mathbb{R}^+ \;\Rightarrow\;$ streng monoton zunehmend

Wenn eine Funktion in einem Punkt $P_0(x_0 \mid f(x_0))$ eine **negative** Tangentensteigung besitzt, dann gibt es eine Umgebung von x_0, in der f streng monoton **abnehmend (fallend)** ist.

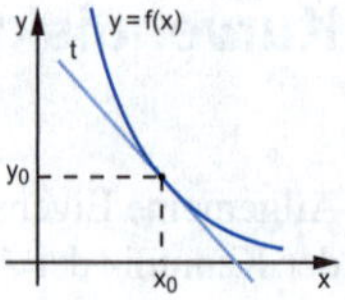

Es gilt:

Streng monoton abnehmende Funktion
$f'(x) < 0$ für $x \in \,]a; b[\;\Rightarrow\;$ f ist in $I = \,]a; b[$ streng monoton abnehmend.

Beispiel $f(x) = e^{-x}$, $D_f = \mathbb{R}$
$f'(x) = -e^{-x} < 0$ für $x \in \mathbb{R} \;\Rightarrow\;$ streng monoton abnehmend

Im Falle $f'(x) = 0$ liegt eine **waagrechte (horizontale)** Tangente vor.

Beispiel

1. $f(x) = x^2 - 2x + 2$
   $f'(x) = 2x - 2$ waagrechte Tangente für $f'(x) = 0$, d. h. für $x = 1$, $f'(x) < 0$ für $x < 1$ und $f'(x) > 0$ für $x > 1$.

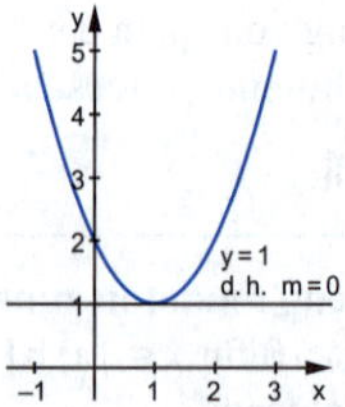

2. $f(x) = x^3 - 3x^2 + 3x$
   $f'(x) = 3x^2 - 6x + 3$
   waagrechte Tangente für $f'(x) = 0$, d. h. für $x = 1$, ansonsten $f'(x) > 0$ für alle $x \neq 1$.

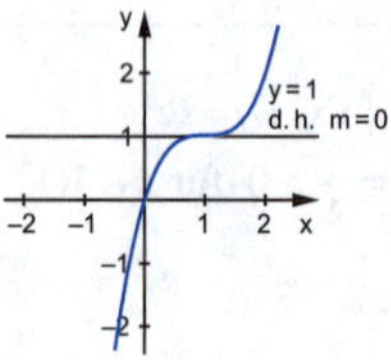

Zeichnet man durch zwei Punkte eines Graphen einer stetigen Funktion eine Sekante, so gilt der

Mittelwertsatz der Differentialrechnung
Eine in einem Intervall $I = [a; b]$ stetige und in $I' =]a; b[$ differenzierbare Funktion f hat in diesem Intervall mindestens eine Tangente, die parallel zu der Sekante durch die Intervallgrenzen ist, d. h. es gibt mindestens einen Wert $x_0 \in]a; b[$ mit

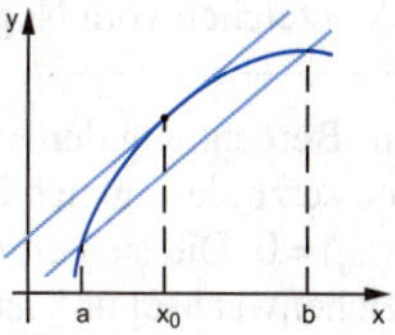

$$m = \frac{f(b) - f(a)}{b - a} = f'(x_0)$$

Eine Folgerung aus dem Mittelwertsatz ist der Satz von Rolle.

Satz von Rolle
Zwischen zwei Werten a und b mit $f(a) = f(b)$ einer in $I = [a; b]$ stetigen und in $I' =]a; b[$ differenzierbaren Funktion f liegt mindestens eine Stelle $x_0 \in]a; b[$ mit $f'(x_0) = 0$ vor. Insbesondere gilt dies für zwei Nullstellen a und b (siehe Skizze).

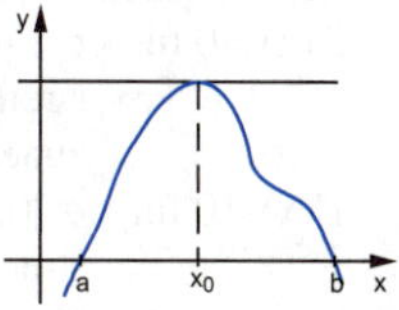

Wenn eine Funktion f an einer Stelle $x = x_0$ einen **Extremwert** besitzen soll, dann ist es notwendig, dass eine waagrechte Tangente vorliegt, d. h. $f'(x_0) = 0$ gilt. Ein Extremwert liegt im Falle von $f'(x_0) = 0$ nur dann vor, wenn das Wachsen in Fallen (relatives Maximum oder Hochpunkt) bzw. das Fallen in Wachsen (relatives Minimum oder Tiefpunkt) übergeht, d. h. wenn die 1. Ableitung f' an der Stelle $x = x_0$ ihr Vorzeichen ändert.

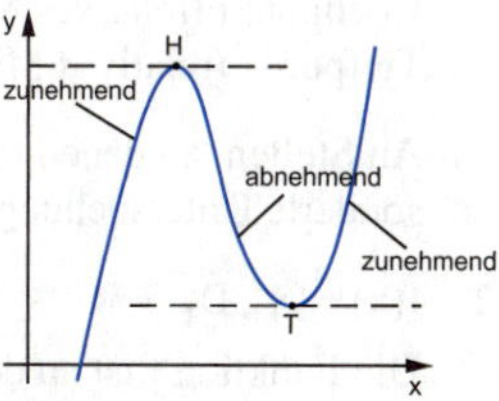

Extrema

Der Graph G_f einer in $x = x_0$ differenzierbaren Funktion f besitzt bei x_0 einen **Hochpunkt**, wenn f' an der Stelle x_0 das Vorzeichen vom Positiven ins Negative wechselt.
Der Graph G_f einer in $x = x_0$ differenzierbaren Funktion f besitzt bei x_0 einen **Tiefpunkt**, wenn f' an der Stelle x_0 das Vorzeichen vom Negativen ins Positive wechselt.

Zur Berechnung der Extremwerte bildet man die 1. Ableitung und setzt diese gleich Null, d. h. man löst die Gleichung $f'(x_0) = 0$. Die sich ergebenden Nullstellen werden auf Vorzeichenwechsel untersucht.

Beispiel 1. $f(x) = x^3 - 3x^2$, $D_f = \mathbb{R}$

$f'(x) = 3x^2 - 6x$

$f'(x) = 0$: $3x(x-2) = 0$

$\Rightarrow x = 0 \lor x = 2$

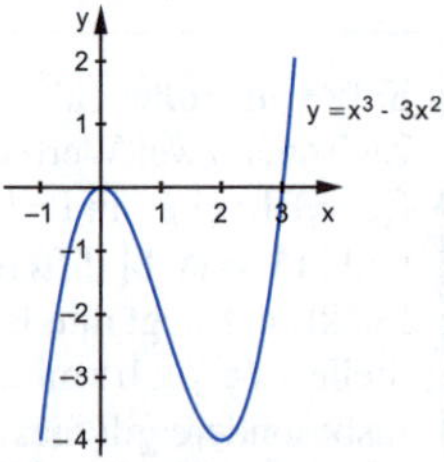

Monotoniebereiche:

$f'(x) > 0$ für $x \in]-\infty; 0[\cup]2; \infty[$

$\Rightarrow$ streng monoton zunehmend

$f'(x) < 0$ für $x \in]0; 2[$

$\Rightarrow$ streng monoton abnehmend

f' wechselt sowohl in $x = 0$ als auch in $x = 2$ das Vorzeichen. Mit $f(0) = 0$ und $f(2) = -4$ und der Monotonie folgt:
Hochpunkt (relatives Maximum) $H(0 | 0)$
Tiefpunkt (relatives Minimum) $T(2 | -4)$

An Stellen, an denen f nicht differenzierbar ist, müssen gesonderte Untersuchungen ausgeführt werden.

2. $f(x) = |x|$, $D_f = \mathbb{R}$

Die Funktion f ist an der Stelle $x = 0$ nicht differenzierbar. Am Graphen erkennt man, dass der Punkt $T(0 | 0)$ ein Tiefpunkt ist, weil f für $x = 0$ stetig ist und dort das Fallen in Wachsen übergeht.

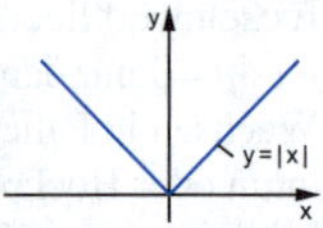

1.2 Krümmung und Wendepunkte

Die 2. Ableitung f'' ist die 1. Ableitung der Ableitungsfunktion f'. Die 2. Ableitung gibt folglich die Änderungstendenz der Steigung an. Dabei gilt:

Krümmung

Der Graph G_f einer Funktion f heißt im Intervall] a; b [**rechtsgekrümmt**, wenn die Steigung der Tangente in diesem Intervall streng monoton abnimmt, **linksgekrümmt**, wenn sie streng monoton zunimmt.

Es gilt:

$f''(x) < 0$ für $x \in I \Rightarrow$

G_f ist in I rechtsgekrümmt

$f''(x) > 0$ für $x \in I \Rightarrow$

G_f ist in I linksgekrümmt

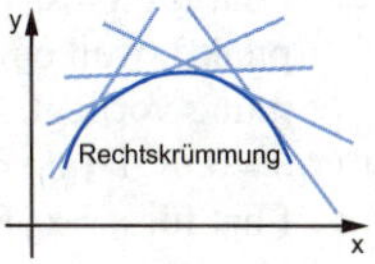

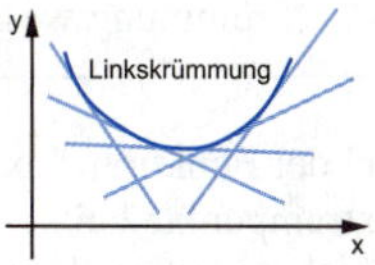

Beispiel

Für die Funktion f mit $f(x) = x^3 - 3x^2$, $D_f = \mathbb{R}$ war $f''(x) = 6x - 6$:

für $x < 1$ ist $f''(x) < 0$: Rechtskrümmung

für $x > 1$ ist $f''(x) > 0$: Linkskrümmung

Die Krümmung kann am Graphen bestätigt werden.

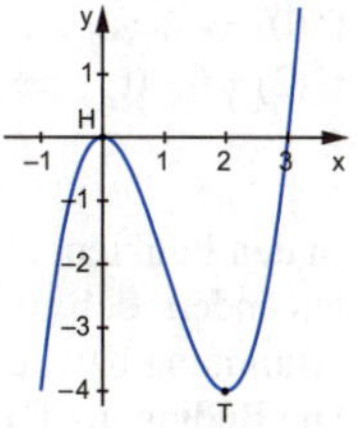

Aus dem Krümmungsverhalten einer Funktion kann man auf die Art eines Extremwertes schließen. Ausreichende Erkennungsmerkmale für Extrempunkte ergeben sich aus den Bildern von Seite 71.

Extremwerte

$f'(x_0) = 0 \wedge f''(x_0) > 0$

$\Rightarrow$ f hat für $x = x_0$ ein **lokales Minimum** (G_f hat einen Tiefpunkt), weil eine waagrechte Tangente und Linkskrümmung vorliegt.

$f'(x_0) = 0 \wedge f''(x_0) < 0$

$\Rightarrow$ f hat für $x = x_0$ ein **lokales Maximum** (G_f hat einen Hochpunkt), weil eine waagrechte Tangente und Rechtskrümmung vorliegt.

Beispiel Bei der Funktion $f: x \mapsto f(x) = x^3 - 3x^2$, $D_f = \mathbb{R}$, lagen die Extrempunkte bei $x = 1$ bzw. $x = 2$.
Die 2. Ableitung $f''(x) = 6x - 6$ liefert (genauso wie die Monotoniebetrachtung):

$f''(0) = -6 < 0 \quad \Rightarrow \quad$ Hochpunkt $H(0|0)$ bzw.

$f''(2) = 6 > 0 \quad \Rightarrow \quad$ Tiefpunkt $T(2|-4)$

In den Punkten, in denen der Graph G_f sein Krümmungsverhalten ändert, d. h. sich von der Rechtskrümmung in die Linkskrümmung bzw. umgekehrt wendet, liegt ein **Wendepunkt** vor. Die Bedingung $f''(x) = 0$ ist dafür notwendig. Ausreichend ist wieder ein Wechsel der Krümmung, d. h. ein Wechsel des Vorzeichens von f''. Das ist dann der Fall, wenn die Nullstelle der 2. Ableitung eine einfache Nullstelle ist. Es gilt:

Wendestelle

$f''(x_0) = 0 \wedge x_0$ ist eine einfache Nullstelle von f'' (bzw. $f'''(x_0) \neq 0$)
$\Rightarrow$ x_0 ist eine Wendestelle des Graphen.

Wegen $f''(x_0) = (f'(x_0))' = 0$ folgt, dass die Steigung des Graphen im Wendepunkt im Allgemeinen einen Extremwert besitzt, d. h. sie ist dort dem Betrag nach relativ am größten.

Beispiel

Bei der Funktion f mit $f(x) = x^3 - 3x^2$, $D_f = \mathbb{R}$, folgt aus $f''(x) = 6x - 6$:
$f''(x_0) = 0$
$\Rightarrow$ $x = 1 \wedge$ einfache Nullstelle
$\Rightarrow$ Wendestelle mit $f(1) = -2$
$\Rightarrow$ $W(1|-2)$ ist ein Wendepunkt des Graphen.

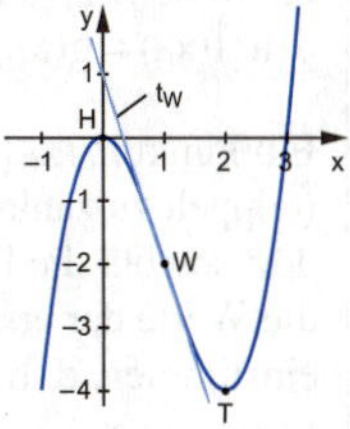

Die Tangente des Graphen G_f einer Funktion f in einem Wendepunkt heißt **Wendetangente t_w**.

Beispiel

Bei der Funktion f mit $f(x) = x^3 - 3x^2$, $D_f = \mathbb{R}$, gilt:
$f'(1) = -3 \quad \Rightarrow \quad t_w\colon y = -3 \cdot (x-1) + 1 = -3x + 1$

Sind an der Stelle x_0 erste und zweite Ableitung Null, d. h. $f'(x_0) = 0$, $f''(x_0) = 0$ und ist x_0 Wendestelle, so heißt der Punkt $P_0\ (x_0 | f(x_0))$ **Terrassenpunkt** (Wendepunkt mit waagrechter Tangente).

Beispiel

Für
$f(x) = \frac{1}{3}x^3 + 1$, $D_f = \mathbb{R}$
mit
$f'(x) = x^2$, $f''(x) = 2x$, $f'''(x) = 2 \neq 0$
folgt: Der Punkt $O(0|0|1)$ ist Terrassenpunkt des Graphen G_f und $y = 1$ ist Wendetangente.

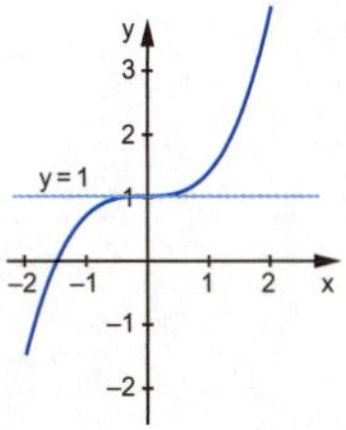

Mithilfe der Funktionsgleichung und ihrer Ableitungen kann die Problematik des Schneidens und des Berührens einfach beschrieben werden.

Schnitt und Berührung

Liegt ein Punkt $P_0(x_0 \mid y_0)$ auf den Graphen G_f und G_g der Funktionen f und g, so ist er **Schnittpunkt**, falls die Funktionswerte $f(x_0)$ und $g(x_0)$ übereinstimmen, d. h. $f(x_0) = g(x_0)$.

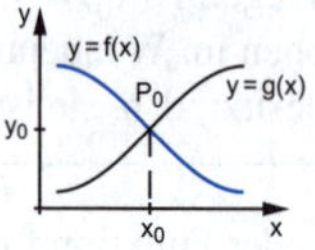

Ein Punkt $P_0(x_0 \mid y_0)$ heißt **Berührpunkt** (doppelt zu zählender Schnittpunkt), falls dort sowohl die Funktionswerte als auch die Werte der ersten Ableitungen übereinstimmen, d. h. $f(x_0) = g(x_0) \ \wedge$ $f'(x_0) = g'(x_0)$

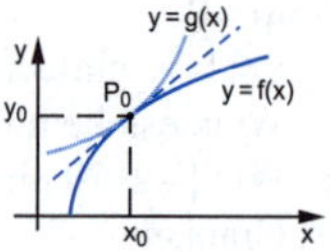

Ein Punkt $P_0(x_0 \mid y_0)$ heißt **durchdringender Berührpunkt** (dreifach zu zählender Schnittpunkt), falls dort die Funktionswerte und die Werte der ersten und der zweiten Ableitungen übereinstimmen, d. h. $f(x_0) = g(x_0) \ \wedge \ f'(x_0) = g'(x_0) \ \wedge$ $f''(x_0) = g''(x_0)$ gilt.

Die Wendetangente durchdringt im Wendepunkt den Graphen berührend.

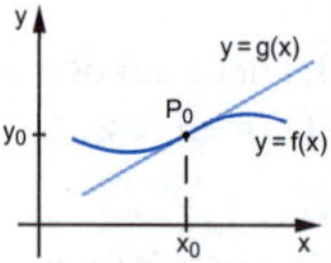

Ein schwieriges Problem in Aufgabenstellungen ist die Bestimmung einer Tangente, die man von einem Punkt außerhalb eines Graphen an diesen legen kann. Deshalb wird diese Berechnung besonders herausgestellt.

Tangente von einem Punkt außerhalb des Graphen

Gegeben ist ein Punkt $P(x_1 \mid y_1)$ nicht auf dem Graphen G_f. Man wählt den Berührpunkt $B(x \mid f(x)) \in G_f$ in allgemeiner Form und bestimmt die Steigung m der Tangente auf die beiden Arten $m = f'(x)$ und $m = \frac{f(x) - y_1}{x - x_1}$.

Setzt man diese beiden Ausdrücke gleich, so lassen sich die Koordinaten des Berührpunktes und die Gleichung der Tangente daraus bestimmen.

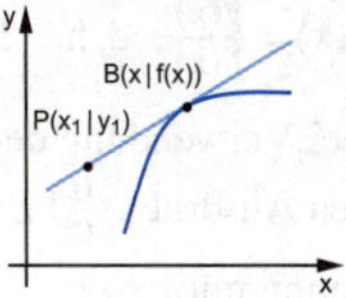

Beispiel

Tangente vom Punkt P(–1 | 2) an den Graphen der Funktion $f\colon\ x \mapsto -\frac{1}{2}x^2 + 2x + \frac{5}{2}$

Berührpunkt:

$$B(x \mid f(x)) = B\left(x \middle| -\tfrac{1}{2}x^2 + 2x + \tfrac{5}{3}\right)$$

$$m = f'(x) = -x + 2$$

$$m = \frac{\Delta y}{\Delta x} = \frac{-\frac{1}{2}x^2 + 2x + \frac{5}{2} - 2}{x - (-1)} = \frac{-\frac{1}{2}x^2 + 2x + \frac{1}{2}}{x + 1}$$

$$-x + 2 = \frac{-\frac{1}{2}x^2 + 2x + \frac{1}{2}}{x + 1} \quad \big| \cdot (x + 1)$$

$$-x^2 + 2x - x + 2 = -\frac{1}{2}x^2 + 2x + \frac{1}{2}$$

$$\frac{1}{2}x^2 + x - \frac{3}{2} = 0$$

$$\Rightarrow \quad \frac{1}{2}(x - 1)(x + 3) = 0$$

$$\Rightarrow \quad x = 1 \ \vee \ x = -3$$

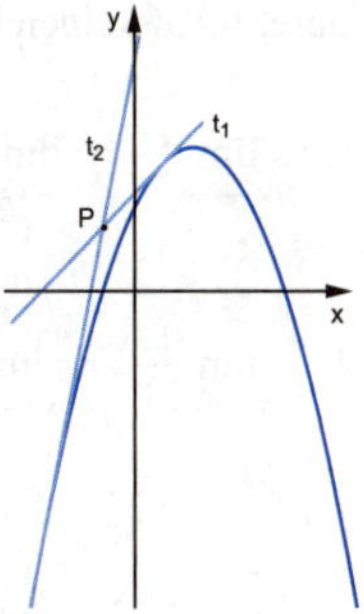

Es gibt zwei solche Tangenten mit den Berührpunkten $B_1(1 \mid 4)$ und $B_2(-3 \mid -8)$ und den Steigungen $m_1 = 1$ und $m_2 = 5$.

$t_1\colon y = 1(x - 1) + 4 = x + 3$ $\qquad$ $t_2\colon y = 5(x + 3) - 8 = 5x + 7$

1.3 Regel von de l'Hospital

Bei der Bestimmung von Grenzwerten erhält man manchmal unbestimmte Ausdrücke. Eine einfache, aber mathematisch gewichtige Regel beseitigt diese Schwierigkeiten.

Regel von de l'Hospital

Wenn die Berechnung des Grenzwertes einer Funktion f mit

$f(x) = \frac{g(x)}{h(x)}$, d. h. $\lim\limits_{x \to x_0} \frac{g(x)}{h(x)}$

bei Verwendung der Grenzwertregeln auf einen unbestimmten Ausdruck $\frac{0}{0}$ bzw. $\frac{\infty}{\infty}$ führt, so kann die Grenzwertbestimmung mit

$$\lim_{x \to x_0} \frac{g'(x)}{h'(x)} \quad (h'(x) \neq 0)$$

durchgeführt werden.

Vorsicht: Zähler- und Nennerfunktion sind getrennt zu differenzieren! Auf keinen Fall die Quotientenregel verwenden!

Beispiel

1. $\lim\limits_{x \to \infty} \frac{e^x}{x} = \lim\limits_{x \to \infty} \frac{e^x}{1} = \infty$

   Die natürliche Exponentialfunktion konvergiert „schneller" als jede Potenzfunktion von x.

2. $\lim\limits_{x \to \infty} \frac{\ln x}{x} = \lim\limits_{x \to \infty} \frac{\frac{1}{x}}{1} = 0$

   Die natürliche Logarithmusfunktion konvergiert „langsamer" als jede Potenzfunktion von x.

3. $\lim\limits_{x \to 0} \frac{\sin x}{x} = \lim\limits_{x \to 0} \frac{\cos x}{1} = 1$

4. $\lim\limits_{x \to 1} \frac{x^2 - x}{x - 1} = \lim\limits_{x \to 1} \frac{2x - 1}{1} = 1$

Entstehen bei der Verwendung der Grenzwertregeln Ausdrücke der Form 0^0, ∞^0, 1^∞, $0 \cdot \infty$, $\infty - \infty$, so kann die l'Hospital'sche Regel nach geeigneten Umformungen verwendet werden:

Beispiel

1. $$\lim_{x \to -\infty} x \cdot e^x = \lim_{x \to -\infty} \frac{x}{e^{-x}} = \lim_{x \to -\infty} \frac{1}{-e^{-x}} = 0$$

2. $$\lim_{x \to 0} x \cdot \ln x = \lim_{x \to 0} \frac{\ln x}{\frac{1}{x}} = \lim_{x \to 0} \frac{\frac{1}{x}}{-\frac{1}{x^2}} = \lim_{x \to 0} (-x) = 0,$$

   insbesondere gilt: $\lim\limits_{x \to 0} x^x = \lim\limits_{x \to 0} e^{x \ln x} = e^0 = 1$

3. Die l'Hospital'sche Regel kann auch mehrmals angewendet werden:
   $$\lim_{x \to \infty} x^2 \cdot e^{-x} = \lim_{x \to \infty} \frac{x^2}{e^x} = \lim_{x \to \infty} \frac{2x}{e^x} = \lim_{x \to \infty} \frac{2}{e^x} = 0$$

2 Diskussion von Funktionen

2.1 Kriterien der Kurvendiskussion

Die folgenden Merkmale von Kurven (Funktionsgraphen) werden bei Kurvendiskussionen, häufig in kleinschrittiger Aufgabenstellung, abgefragt.

1. **Definitionsmenge D**
   Es handelt sich um die Menge $\mathbb{R}$ bzw. um eine Teilmenge von $\mathbb{R}$, die diejenigen Zahlen enthält, die für x eingesetzt werden dürfen.

2. **Schnittpunkte mit den Koordinatenachsen**
   x-Achse: $y = f(x) = 0 \ \Rightarrow$ Lösungen x_1, x_2 usw. (Nullstellen) $\Rightarrow$ Punkte $N_1(x_1 \,|\, 0)$, $N_2(x_2 \,|\, 0)$ usw.
   y-Achse: $x = 0$: $y = f(0) \ \Rightarrow$ Punkt $T(0 \,|\, f(0))$

3. **Unendlichkeitsstellen (Polstellen)**
   Sie treten z. B. bei gebrochenrationalen Funktionen
   $f(x) = \frac{g(x)}{h(x)}$ mit $h(x_0) = 0$ und $g(x_0) \neq 0$ auf.

4. **Verhalten im Unendlichen**
   Die Grenzwerte $\lim\limits_{x \to \infty} f(x)$ bzw. $\lim\limits_{x \to -\infty} f(x)$ können gefragt sein.
   Häufig werden auch die Grenzwerte bei Annäherung an eine Definitionslücke berechnet, auch dann, wenn es sich nicht um Unendlichkeitsstellen handelt.

5. **Asymptoten**
   Eine senkrechte (vertikale) Asymptote liegt an einer Unendlichkeitsstelle vor. Eine waagrechte (horizontale) Asymptote liegt vor, wenn der Grenzwert für $x \to \infty$ oder/und für $x \to -\infty$ existiert. Gilt z. B. $\lim\limits_{x \to \infty} f(x) = a$ bzw. $\lim\limits_{x \to -\infty} f(x) = b$, so sind $y = a$ bzw. $y = b$ waagrechte Asymptoten. Eine schiefe Asymptote (Gerade mit der Gleichung $y = g(x) = mx + t$) liegt vor, wenn $\lim\limits_{x \to \pm\infty} [f(x) - g(x)] = 0$ gilt.

6. **Symmetrie**

Man muss erkennen:

Achsensymmetrie zur y-Achse: $f(-x) = f(x)$

Punktsymmetrie zum Ursprung: $f(-x) = -f(x)$

Man muss nachweisen können:

Achsensymmetrie zur Geraden $x = a$: $f(a-d) = f(a+d)$

Punktsymmetrie zum Punkt $P(a \mid b)$: $f(a-d) + f(a+d) = 2b$

7. **Monotonie und Extremwerte**

Monotonie:

f ist streng monoton zunehmend, wenn $f'(x) > 0$ gilt.

f ist streng monoton abnehmend, wenn $f'(x) < 0$ gilt.

Extremwerte:

$f'(x) = 0$ lösen. Dann gilt:

$f'(x_0) = 0 \wedge f''(x_0) < 0$: Graph G_f besitzt einen Hochpunkt (relatives Maximum) $H(x_0 \mid f(x_0))$

$f'(x_0) = 0 \wedge f''(x_0) > 0$: Graph G_f besitzt einen Tiefpunkt (relatives Minimum) $T(x_0 \mid f(x_0))$

Der Nachweis der Art des Extremwertes ist auch aus Monotonieüberlegungen möglich. Berechnung des y-Wertes nicht vergessen! Weitere Extremwerte können an Stellen auftreten, an denen f definiert ist, aber f' nicht existiert.

8. **Krümmung und Wendepunkte**

Krümmung:

Der Graph G_f ist linksgekrümmt, wenn $f''(x) > 0$ gilt.

Der Graph G_f ist rechtsgekrümmt, wenn $f''(x) < 0$ gilt.

Wendepunkte:

$f''(x) = 0$ lösen. Dann gilt:

$f''(x_0) = 0 \wedge$ einfache Nullstelle: Graph G_f besitzt einen Wendepunkt $W(x_0 \mid f(x_0))$

Der Nachweis des Wendepunktes ist auch aus Krümmungsüberlegungen möglich. Berechnung des y-Wertes nicht vergessen!

Wendetangente = Tangente im Wendepunkt

Terrassenpunkt = Wendepunkt mit waagrechter Tangente

9. **Wertemenge, Wertetabelle, Graph**
   Die Wertemenge W_f ergibt sich aus den Eigenschaften 2–7.
   Die Wertetabelle (alle ganzzahligen x-Werte sowie in der Umgebung einer Definitionslücke x_0 die x-Werte $x_0 - 0{,}5$ und $x_0 + 0{,}5$ verwenden) erleichtert die Zeichnung des Graphen G_f. Dazu werden alle Ergebnisse aus 1–8 verwendet und vorab eingezeichnet bzw. markiert.

2.2 Ganzrationale Funktion

Die Kurvendiskussionen beginnen mit den einfachsten Funktionen, nach den linearen und quadratischen Funktionen. Ihr Funktionsterm ist ein Polynom in x.

Beispiel Diskutiere die Funktion f mit $f(x) = \frac{1}{12}x^3 - x^2 + 3x$

Lösung:

Definitionsmenge:

Bei allen ganzrationalen Funktionen gilt: $D_f = \mathbb{R}$

Schnittpunkte mit den Koordinatenachsen:

x-Achse: $y = f(x) = 0$:

$$\frac{1}{12}x^3 - x^2 + 3x = 0$$

$$\frac{1}{12}x(x^3 - 12x + 36) = 0$$

$$\frac{1}{12}x(x-6)^2 = 0$$

$\Rightarrow \quad x_1 = 0 \wedge x_2 = 6$ (**doppelte Nullstelle = Berührung der x-Achse**)

$\Rightarrow \quad N_1(0|0), N_2(6|0)$

y-Achse: Da es nur einen Schnittpunkt mit der y-Achse gibt, muss es der Punkt $N_1(0|0)$ sein.

Verhalten im Unendlichen:

$$\lim_{x\to\infty} f(x) = \infty \wedge \lim_{x\to-\infty} f(x) = -\infty \Rightarrow W_f = \mathbb{R}$$

Symmetrie:
Es ist keine Symmetrie zur y-Achse bzw. zum Ursprung erkennbar.

Zeige, dass der Graph G_f symmetrisch zum Punkt $P\left(4 \middle| \frac{4}{3}\right)$ ist.

Es muss gelten: $f(4-d)+f(4+d)=\frac{8}{3}$

$f(4-d)+f(4+d) =$

$= \frac{1}{12}(4-d)^3-(4-d)^2+3(4-d)+\frac{1}{12}(4+d)^3-(4+d)^2$
$\quad +3(4+d)$

$= \frac{1}{12}(64-48d+12d^2-d^3)-(16-8d+d^2)+12-3d$
$\quad +\frac{1}{12}(64+48d+12d^2++d^3)-(16+8d+d^2)+12+3d$

$= \frac{16}{3}-4d+d^2-\frac{1}{12}d^3-16+8d-d^2+12-3d+\frac{16}{3}+4d+$
$\quad +d^2+\frac{1}{12}d^3-16-8d-d^2+12+3d$

$= \frac{8}{3} \Rightarrow$ Behauptung nachgewiesen

Extremwerte und Wendepunkte:

$f'(x)=\frac{1}{4}x^2-2x+3;\quad f''(x)=\frac{1}{2}x-2$

$f'(x)=0$: $\frac{1}{4}x^2-2x+3=0$

$x_{1/2}=\frac{1}{\frac{1}{2}}\left(2\pm\sqrt{4-3}\right)=2(2\pm1)$

$x_1=2 \lor x_2=6$

$f(2)=\frac{8}{3} \quad\land\quad f''(2)=-1<0 \quad\Rightarrow\quad$ Hochpunkt $H\left(2 \middle| \frac{8}{3}\right)$

$f(6)=0 \quad\land\quad f''(6)=1>0 \quad\Rightarrow\quad$ Tiefpunkt $T(6|0)$

oder:

$f'(x)>0$ für $x\in\,]-\infty; 2[\;\cup\;]6;\infty[$

$\Rightarrow$ streng monoton zunehmend

$f'(x)<0$ für $x\in\,]2; 6[$

$\Rightarrow$ streng monoton abnehmend

$\Rightarrow$ Hochpunkt für $x=2$, weil Steigen in Fallen übergeht sowie Tiefpunkt für $x=6$, weil Fallen in Steigen übergeht.

$f''(x)=0$: $\frac{1}{2}x-2=0 \;\Rightarrow\; x=4 \wedge$ einfache Nullstelle
$\Rightarrow$ Wendepunkt

$f(4)=\frac{4}{3} \;\Rightarrow\; W\left(4 \,\middle|\, \frac{4}{3}\right)$ Wendepunkt

Gleichung der Wendetangente t_W:

$f'(4)=-1$

t_W: $y=-1\cdot(x-4)+\frac{4}{3}=-x+\frac{16}{3}$

Wertetabelle und Graph:

x	−1	0	1	2	3	4	5	6	7	8
f(x)	−4,08	0	2,08	2,67	2,25	1,33	0,42	0	0,58	2,67

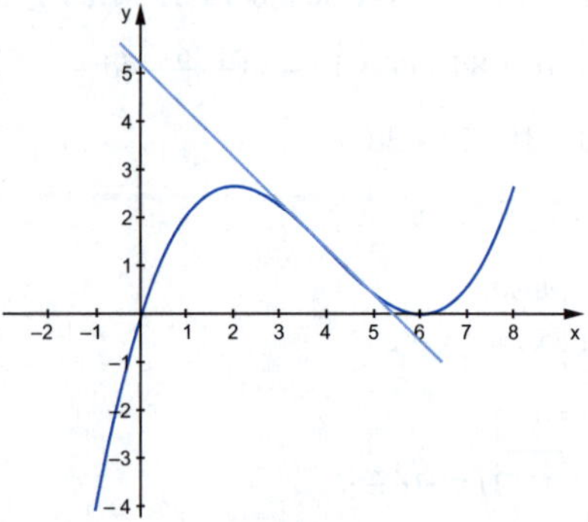

2.3 Gebrochenrationale Funktion

Schon bei den gebrochen rationalen Funktionen, d. h. Funktionen, deren Zähler und Nenner Polynome in x sind, erweitert sich das Spektrum der Anforderungen um Definitionslücke, Polstellen, Asymptoten etc.

Beispiel

Diskutiere die Funktion f mit $f(x) = \frac{x^2}{x+1}$

Lösung:

Definitionsmenge:

$D_f = \mathbb{R} \setminus \{-1\}$, weil für $x = -1$ der Nenner Null wird und damit der Bruch nicht definiert ist.

Schnittpunkte mit den Koordinatenachsen:

x-Achse: $y = f(x) = 0$: $\frac{x^2}{x+1} = 0 \quad \Rightarrow \quad x^2 = 0 \quad \Rightarrow \quad x = 0$

(doppelt, also Berührpunkt mit der x-Achse) $\Rightarrow$ $N(0\,|\,0)$

Der Ursprung $N(0\,|\,0)$ ist auch der Schnittpunkt des Graphen G_f mit der y-Achse.

Unendlichkeitsstellen:

Es gilt: $\lim\limits_{x \to -1+0} f(x) = +\infty \;\wedge\; \lim\limits_{x \to -1-0} f(x) = -\infty$,

d. h. an der Stelle $x = -1$ liegt eine Unendlichkeitsstelle mit Vorzeichenwechsel (einfache Polstelle) vor.

Verhalten im Unendlichen:

Es gilt: $\lim\limits_{x \to \infty} f(x) = \infty \;\wedge\; \lim\limits_{x \to -\infty} f(x) = -\infty$

Asymptoten:

$x = -1$ ist die Gleichung einer senkrechten Asymptote, da für $x = -1$ eine Unendlichkeitsstelle vorliegt. Da der Grad des Zählers um 1 größer ist als der Grad des Nenners, liegt eine schiefe Asymptote vor, die durch Polynomdivision von Zähler durch Nenner gefunden wird.

$$\begin{array}{l} x^2:(x+1) = x-1+\frac{1}{x+1} \\ \underline{-(x^2+x)} \\ \quad -x \\ \underline{-(-x-1)} \\ \quad\quad 1 \end{array}$$

$\Rightarrow$ $y = x - 1$ ist schiefe Asymptote, weil

$$\lim_{x \to \pm\infty} [f(x) - g(x)] = \lim_{x \to \pm\infty} \frac{1}{x+1} = 0$$

gilt.

Symmetrie:

Es ist keine Symmetrie zur y-Achse bzw. zum Ursprung erkennbar. Zeige, dass der Graph G_f punktsymmetrisch zum Schnittpunkt der Asymptoten $P(-1\,|\,-2)$ ist.

Es muss gelten: $f(-1-d) + f(-1+d) = -4$

$$f(-1-d) + f(-1+d) = \frac{(-1-d)^2}{-1-d+1} + \frac{(-1+d)^2}{-1+d+1} = \frac{1+2d+d^2}{-d} + \frac{1-2d+d^2}{d}$$

$$= -\frac{1}{d} - 2 - d + \frac{1}{d} - 2 + d = -4$$

$\Rightarrow$ Behauptung nachgewiesen.

Extremwerte und Wendepunkt:

$$f'(x) = \frac{2x(x+1) - x^2 \cdot 1}{(x+1)^2} = \frac{2x^2 + 2x - x^2}{(x+1)^2} = \frac{x^2 + 2x}{(x+1)^2}$$

$$f''(x) = \frac{(2x+2)(x+1)^2 - (x^2+2x) \cdot 2(x+1)}{(x+1)^4}$$

$$= \frac{(x+1)[2x^2 + 2x + 2x + 2 - 2x^2 - 4x]}{(x+1)^4} = \frac{2}{(x+1)^3}$$

Da $f''(x) \neq 0$ $\Rightarrow$ es gibt keine Wendepunkte

$$f'(x) = 0: \quad \frac{x^2 + 2x}{(x+1)^2} = 0 \quad \Rightarrow \quad x^2 + 2x = x(x+2) = 0$$

$$\Rightarrow \quad x_1 = 0 \vee x_2 = -2$$

$f(0) = 0 \quad \wedge \ f''(0) = 2 > 0 \quad \Rightarrow$ Tiefpunkt $T(0\,|\,0)$

$f(-2) = -4 \quad \wedge \ f''(-2) = -2 < 0 \quad \Rightarrow$ Hochpunkt $H(-2\,|\,-4)$

oder

$f'(x) > 0$ für $x \in\,]-\infty; -2[\ \cup\ ]0; \infty[$ $\Rightarrow$ streng monoton zunehmend

$f'(x) < 0$ für $x \in\,]-2; -1[\ \cup\ ]-1; 0[$ $\Rightarrow$ streng monoton abnehmend

$\Rightarrow$ Hochpunkt für $x = -2$, weil dort das Steigen in Fallen übergeht sowie Tiefpunkt für $x = 0$, weil dort das Fallen in Steigen übergeht.

Wertetabelle und Graph:

x	−4	−3	−2	−1,5	−0,5	0	1	2	3
f(x)	−5,33	−4,50	−4	−4,50	0,5	0	0,5	1,33	2,25

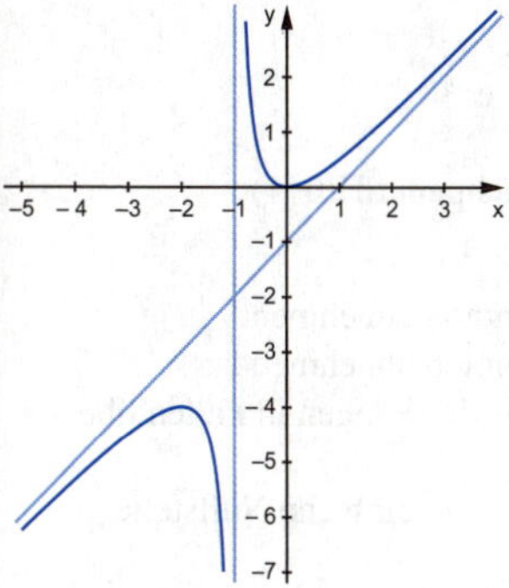

2.4 Nichtrationale Funktion

Als Beispiel zu einer nichtrationalen Funktion (Exponentialfunktionen, Logarithmusfunktionen, trigonometrische Funktionen etc.) wird eine zur natürlichen Exponentialfunktion ausgewählt.

Diskutiere die Funktion f mit $f(x) = (x+1) \cdot e^{-x}$ **Beispiel**

Lösung:

Definitionsmenge:

$D = \mathbb{R}$, da die natürliche Exponentialfunktion in $\mathbb{R}$ definiert ist.

Schnittpunkte mit den Koordinatenachsen:

x-Achse: $y = f(x) = 0$: $(x+1) \cdot e^{-x} = 0 \;\Rightarrow\; x = -1 \;\Rightarrow\; N(-1\,|\,0)$

y-Achse: $x = 0$: $y = f(0) = 1 \;\Rightarrow\; R(0\,|\,1)$

Verhalten im Unendlichen und Asymptoten:

$\lim\limits_{x \to -\infty} f(x) = -\infty$; $\lim\limits_{x \to \infty} f(x) = 0 \;\Rightarrow\; y = 0$ ist waagrechte Asymptote.

Symmetrie:
Es ist keine Symmetrie zur y-Achse bzw. zum Ursprung erkennbar.

Extremwerte und Wendepunkte:
$f'(x) = e^{-x} + (x+1) \cdot e^{-x} \cdot (-1) = -x \cdot e^{-x}$
$f''(x) = -e^{-x} - xe^{-x} \cdot (-1) = (x-1) \cdot e^{-x}$
$f'(x) = 0\colon -x \cdot e^{-x} = 0 \;\Rightarrow\; x = 0$
$f(0) = 0 \wedge f''(0) = -1 < 0 \;\Rightarrow\;$ Hochpunkt $H(0\,|\,1)$
oder

$f'(x) > 0$ für $x < 0 \;\Rightarrow\;$ streng monoton zunehmend
$f'(x) < 0$ für $x > 0 \;\Rightarrow\;$ streng monoton abnehmend
$\Rightarrow$ Hochpunkt für $x = 0$, weil dort das Steigen in Fallen übergeht.
$f''(x) = 0\colon (x-1) \cdot e^{-x} = 0 \;\Rightarrow\; x = 1 \wedge$ einfache Nullstelle
$\Rightarrow$ Wendepunkt
$f(1) = 2 \cdot e^{-1} = \frac{2}{e} \;\Rightarrow\;$ Wendepunkt $W\left(1 \,\middle|\, \frac{2}{e}\right)$

Wendetangente t_w:
$f'(1) = -1 \cdot e^{-1} = -\frac{1}{e}$
$t_w\colon y = -\frac{1}{e}(x-1) + \frac{2}{e} = -\frac{1}{e}x + \frac{3}{e}$

Aus dem Extremwert und den Grenzwerten für $x \to \infty$ und $x \to -\infty$ folgt, dass für die Wertemenge W_f gilt: $W_f =]-\infty; 1]$

Wertetabelle und Graph:

x	−2	−1,5	−1	−0,5	0	1	2	3	4
f(x)	−7,38	−2,24	0	0,82	1	0,74	0,41	0,20	0,09

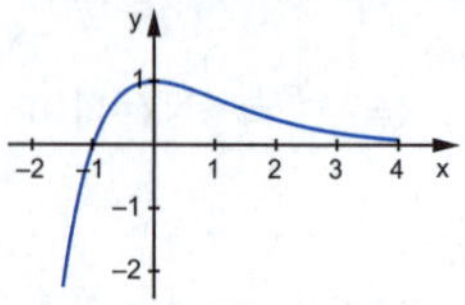

3 Ganzrationale Funktionen mit vorgegebenen Eigenschaften

Bestimmte Eigenschaften von Punkten auf Funktionsgraphen kann man in Gleichungen zum Aufstellen von ganzrationalen Funktionen umsetzen. Die ganzrationale Funktion n-ten Grades hat die Form $f(x) = a_n x^n + a_{n-1} x^{n-1} + \ldots + a_2 x^2 + a_1 x + a_0$. Dabei ist durch $n + 1$ Bedingungen eine solche ganzrationale Funktion (höchstens) n-ten Grades festgelegt. Es gelten:

Eigenschaften zum Aufstellen von Funktionsgleichungen

Punkt $P(x_0 \mid y_0) \in G_f \;\Rightarrow$	$f(x_0) = y_0$
Steigung m im Punkt $P(x_0 \mid y_0) \in G_f \;\Rightarrow$	1. $f(x_0) = y_0$ 2. $f'(x_0) = m$
Hoch-/Tiefpunkt $P(x_0 \mid y_0) \in G_f \;\Rightarrow$	1. $f(x_0) = y_0$ 2. $f'(x_0) = 0$
Wendepunkt $P(x_0 \mid y_0) \in G_f \;\Rightarrow$	1. $f(x_0) = y_0$ 2. $f''(x_0) = 0$
Terrassenpunkt $P(x_0 \mid y_0) \in G_f \;\Rightarrow$	1. $f(x_0) = y_0$ 2. $f'(x_0) = 0$ 3. $f''(x_0) = 0$

Beispiel

1. Bestimme die Gleichung der ganzrationalen Funktion 3. Grades, deren Graph G_f im Punkt $N(-2 \mid 0)$ die x-Achse schneidet und für $x_0 = 0$ einen Wendepunkt mit der Wendetangente t_w: $y = \frac{1}{3}x + 2$ besitzt.

   Lösung:
   Man stellt die allgemeine Funktion 3. Grades auf und bildet die 1. und 2. Ableitung:
   $f(x) = ax^3 + bx^2 + cx + d$
   $f'(x) = 3ax^2 + 2bx + c$
   $f''(x) = 6ax + 2b$
   Man benötigt vier Bedingungen, um die Funktion festlegen zu können. Neben $N \in G_f$ erhält man aus der Angabe über

Wendepunkt und Wendetangente drei Bedingungen, nämlich $W \in t_W$ und damit $y_W = 2$, die Steigung im Wendepunkt ist $\frac{1}{3}$ und die 2. Ableitung hat für $x_0 = 0$ den Wert 0.

(1) $f(-2) = 0$: $-8a + 4b - 2c + d = 0$
(2) $f(0) = 2$: $d = 2$
(3) $f'(0) = \frac{1}{3}$: $c = \frac{1}{3}$
(4) $f''(0) = 0$: $2b = 0$

Damit sind bereits drei Variable bekannt:
$b = 0$, $c = \frac{1}{3}$ und $d = 2$.
In (1) eingesetzt erhält man:

$8a - \frac{2}{3} + 2 = 0 \;\Rightarrow\; 8a = \frac{4}{3} \;\Rightarrow\; a = \frac{1}{6}$

$\Rightarrow\; f(x) = \frac{1}{6}x^3 + \frac{1}{3}x + 2$

2. Bestimme die Gleichung der ganzrationalen Funktion 3. Grades, deren Graph G_f punktsymmetrisch zum Ursprung ist und in $T(-2\,|\,-4)$ einen Tiefpunkt besitzt.

Lösung:
Wenn in $f(x) = ax^3 + bx^2 + cx + d$ gelten soll: $f(-x) = f(x)$, dann muss $b = d = 0$ sein.
$f(x) = ax^3 + cx$
$f'(x) = 3ax^2 + c$
Bedingungen:

(1) $f(-2) = -4$: $-8a - 2c = -4$
(2) $f'(-2) = 0$: $12a + c = 0 \quad |\cdot 2$

(1) + (2): $16a = -4 \;\Rightarrow\; a = -\frac{1}{4}$
in (2): $c = -12a = 3$

$\Rightarrow\; f(x) = -\frac{1}{4}x^3 + 3x$

3. Bestimme die Gleichung der ganzrationalen Funktion 4. Grades, deren Graph G_f im Punkt W(0 | –3) einen Terrassenpunkt und in E(3 | 0) einen Extremwert besitzt.

Lösung:

$f(x) = ax^4 + bx^3 + cx^2 + dx + e$

$f'(x) = 4ax^3 + 3bx^2 + 2cx + d$

$f''(x) = 12ax^2 + 6bx + 2c$

Mit den Kriterien zur Kurvendiskussion erhält man die benötigten fünf Gleichungen, drei aus dem Terrassenpunkt und zwei aus dem Extremwert.

(1) $f(0) = -3$: $e = -3 \Rightarrow e = -3$

(2) $f'(0) = 0$: $d = 0 \Rightarrow d = 0$

(3) $f''(0) = 0$: $2c = 0 \Rightarrow c = 0$

(4) $f(3) = 0$: $81a + 27b + 9c + 3d + e = 0$

(5) $f'(3) = 0$: $108a + 27b + 6c + d = 0$

Es verbleiben folgende Gleichungen:

(6) $81a + 27b = 3$

(7) $108a + 27b = 0$

---

(6) – (7): $-27a = 3 \Rightarrow a = -\frac{1}{9}$

in (7): $27b = -108a \Rightarrow b = \frac{27}{12} = \frac{4}{9}$

$\Rightarrow f(x) = -\frac{1}{9}x^4 + \frac{4}{9}x^3 - 3$

4 Extremwertaufgaben

Es werden bestimmte Sachverhalte auf größte bzw. kleinste Werte untersucht. Um dies mithilfe der Differentialrechnung ausführen zu können, benötigen wir für den Sachverhalt eine **Zielfunktion**, deren Definitionsmenge durch die Aufgabenstellung festgelegt ist. Verwendet wird im Wesentlichen der **Extremwertsatz** stetiger Funktionen.

> **Extremwertsatz**
> Jede in einem abgeschlossenen Intervall $I = [a; b]$ stetige Funktion f ist in I beschränkt und nimmt dort ihr absolutes Maximum bzw. Minimum an. Diese Werte können auch in den Randpunkten auftreten.

Beispiel 1. Ein Rechteck mit den Seiten a und b hat den Umfang u.
Für welche Seitenlängen a, b wird der Flächeninhalt A des Rechtecks maximal?

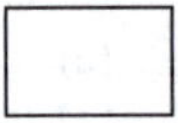

Lösung:
Die Größe, die optimiert werden soll, ist die Fläche $A = a \cdot b$. Diese ist eine Funktion von zwei Variablen, die durch die Nebenbedingungen $2a + 2b = u$, d. h. $b = \frac{1}{2}(u - 2a) = \frac{1}{2}u - a$ zu einer Funktion mit einer Variablen, unserer Zielfunktion wird:

$A(a) = a \cdot \left(\frac{1}{2}u - a\right) = \frac{1}{2}ua - a^2$ mit der Definitionsmenge $0 \leq a \leq \frac{u}{2}$.

Die Funktion A wird jetzt mit den Kriterien der Kurvendiskussion untersucht:

$A(a)' = \frac{1}{2}u - 2a$

$A(a)'' = -2 < 0 \quad \Rightarrow$ Das Ergebnis führt in jedem Fall auf ein relatives Maximum.

$A(a)' = 0$: $2a = \frac{1}{2}u \quad \Rightarrow \quad a = \frac{1}{4}u \quad \Rightarrow \quad b = \frac{1}{4}u$

Die Randwerte $a=0$ bzw. $a=\frac{u}{2}$ führen nicht auf Rechtecke.

$\Rightarrow$ Für $a=b=\frac{1}{4}u$, d. h. für das Quadrat ist bei vorgegebenem Umfang die Rechteckfläche maximal. Der Flächeninhalt beträgt dann $A_{max}=\frac{1}{16}u^2$.

2. Die Funktion f mit $f(x)=-x^3+3x^2$ besitzt den Graphen G_f. Die Gerade mit der Gleichung $x=a$ $(0<a<3)$ schneidet die x-Achse im Punkt A und den Graphen G_f im Punkt B. Für welchen Wert von a hat das Dreieck OAB maximalen Flächeninhalt?

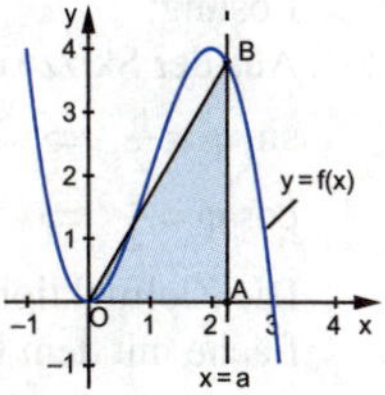

Lösung:
Die Zielfunktion wird durch die Fläche bestimmt.
Für diese gilt mit $A(a\,|\,0)$ und $B(a\,|\,f(a))$:

$$A(a) = \frac{1}{2}\cdot a\cdot f(a) = \frac{1}{2}\,a\cdot(-a^3+3a^2) = -\frac{1}{2}\,a^4+\frac{3}{2}\,a^3$$

$$A(a)' = -2a^3+\frac{9}{2}a^2$$

$$A(a)'' = -6a^2+9a$$

$$A(a)' = 0:\ a^2\left(-2a+\frac{9}{2}\right)=0 \quad\Rightarrow\quad a=0 \text{ nicht in } D_a$$

$$a=\frac{9}{4}$$

$$A(a)'' = -\frac{81}{8}<0 \quad\Rightarrow\quad \text{relatives Maximum}$$

Es gibt keine Randextrema.

$\Rightarrow$ Für $a=\frac{9}{4}$ besitzt das Dreieck maximalen Flächeninhalt. Es gilt dann $A_{max}=\frac{2187}{512}$ FE $\approx 4{,}27$ FE.

3. Ein Abfallcontainer hat die in der Skizze dargestellte Form. Damit er bei konstanter Breite b ein möglichst großes Fassungsvermögen erhält, muss der Inhalt A(φ) der vorderen Seitenfläche ABCD maximal werden.

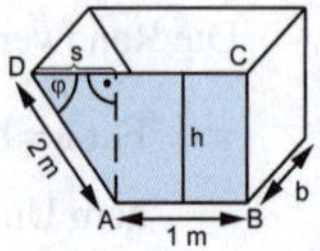

Bestimme den Winkel φ so, dass der Flächeninhalt A(φ) maximal wird.

Lösung:

Aus der Skizze erhält man:

$$\sin\varphi = \frac{h}{2} \Rightarrow h = 2\cdot\sin\varphi$$
$$\cos\varphi = \frac{s}{2} \Rightarrow s = 2\cdot\cos\varphi \qquad \text{mit } 0° < \varphi < 180°$$

Die Zielfunktion ist die vordere Seitenfläche, eine Trapezfläche mit dem Inhalt

$$A(\varphi) = \frac{(s+1)+1}{2}\cdot h = \left(\frac{s}{2}+1\right)\cdot h = (\cos\varphi+1)\cdot 2\sin\varphi$$
$$= 2\sin\varphi\cdot\cos\varphi + 2\sin\varphi$$

$$A(\varphi)' = 2\cos\varphi\cdot\cos\varphi + 2\cdot\sin\varphi\cdot(-\sin\varphi) + 2\cos\varphi$$
$$= 2(\cos\varphi)^2 - 2(\sin\varphi)^2 + 2\cos\varphi$$

Mit $(\sin\varphi)^2 = 1-(\cos\varphi)^2$ ergibt sich:

$$A(\varphi)' = 4\cdot(\cos\varphi)^2 + 2\cdot\cos\varphi - 2$$
$$A(\varphi)'' = -8\cos\varphi\sin\varphi - 2\cdot\sin\varphi$$
$$A(\varphi)' = 0:\quad 4\cdot(\cos\varphi)^2 + 2\cdot\cos\varphi - 2 = 0$$
$$2\cdot(\cos\varphi)^2 + \cos\varphi - 1 = 0$$

Die quadratische Gleichung für cos φ wird mithilfe der Formel gelöst:

$$\cos\varphi = \frac{1}{4}(-1\pm\sqrt{1+8}) = \frac{1}{4}(-1\pm 3)$$
$$\cos\varphi = \frac{1}{2} \quad\Rightarrow\quad \varphi = 60°$$
$$\cos\varphi = -1 \quad\Rightarrow\quad \varphi = 180° \quad \text{nicht möglich!}$$

Wegen $A(60°)'' < 0$ folgt, dass für $\varphi = 60°$ die Fläche A und damit das Volumen des Abfallcontainers maximal wird. Es gilt: $A_{max} = \frac{3}{2}\sqrt{3}$ FE.

4. Ein Raketenkopf hat die Form eines geraden Kreiskegels. Er soll einen zylindrischen Behälter für einen Messgerätesatz aufnehmen. Aus technischen Gründen soll die Oberfläche des Zylinders maximal werden.

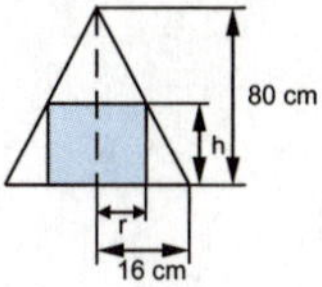

Berechne für diesen Fall Radius r sowie Höhe h des Zylinders (siehe Skizze).

Lösung:

Für die Oberfläche O des Zylinders, d. h. für die Zielfunktion gilt:

$O = 2r^2\pi + 2r\pi \cdot h \qquad r \le 16 \text{ cm} \wedge h \le 80 \text{ cm}$

Mit dem umbeschriebenen Kegel erhält man mithilfe der Gesetze der zentrischen Streckung:

$$r : 16 = (80 - h) : 80$$

$$80r = 16 \cdot 80 - 16 \cdot h \quad \big| :16$$

$$5r = 80 - h$$

$$h = -5r + 80$$

$$O(r) = 2r^2\pi + 2r\pi \cdot (-5r + 80) = 2r^2\pi - 10r^2\pi + 160r\pi$$

$$O(r) = -8r^2\pi + 160r\pi$$

$$O(r)' = -16r\pi + 160\pi$$

$O(r)'' = -16\pi < 0 \Rightarrow$ Das Ergebnis führt in jedem Falle auf ein relatives Maximum

$$O(r)' = 0: \; -16r\pi + 160\pi = 0$$

$$16r\pi = 160\pi$$

$r = 10$ cm und daraus

$$h = -50 + 80 = 30 \text{ cm}$$

Der Zylinder hat für $r = 10$ cm und $h = 30$ cm maximale Oberfläche. Es gilt dann: $O_{max} = 800\pi \text{ cm}^2$.

Integralrechnung

1 Das bestimmte Integral als orientierter Flächeninhalt

Die Integralrechnung hat sich aus unterschiedlichen Fragestellungen heraus entwickelt. Viele können über das Problem der Messung des Flächeninhaltes von krummlinig begrenzten Flächen gelöst werden.

Die Funktion f mit $f(x) \geq 0$ sei im Intervall $I = [a; b]$ stetig. Gesucht ist die Maßzahl A der Fläche, die der Graph G_f zwischen $x = a$ und $x = b$ mit der x-Achse einschließt.

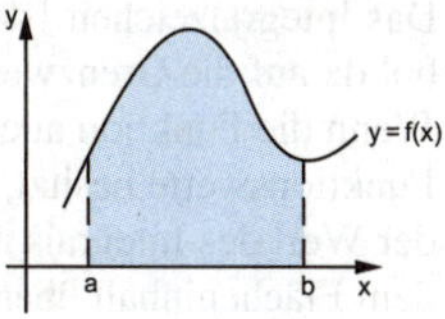

Für die gesuchte Maßzahl A schreibt man

$$A = \int_a^b f(x)\,dx$$

und liest „(Bestimmtes) Integral von a bis b über f von x dx." f heißt Integrandenfunktion, a untere und b obere Grenze des Integrals.

Zur Berechnung wird das Intervall $I = [a; b]$ in n gleich große Teilintervalle der Länge $\Delta x = \frac{b-a}{n}$ unterteilt. Die Fläche wird dann durch äußere bzw. innere Rechtecke angenähert.

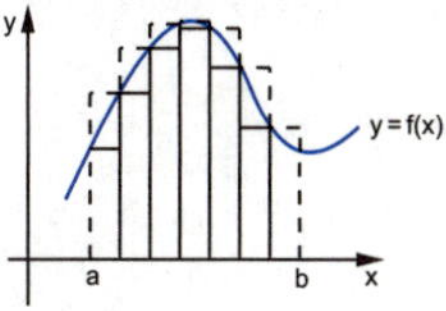

Lässt man die Anzahl der Rechtecke unendlich groß werden, nähern sich die äußere und die innere Rechteckfläche an die gesuchte Fläche A an. Es gilt dann für die Definition des bestimmten Integrals:

Bestimmtes Integral

$$A = \int_a^b f(x)\,dx = \lim_{n \to \infty} \frac{b-a}{n} \cdot \sum_{\nu=1}^{n} f\left(a + \nu \cdot \frac{b-a}{n}\right)$$

Das Integralzeichen $\int$ deutet auf die Summenbildung, das Symbol dx auf die Grenzwertbildung hin.

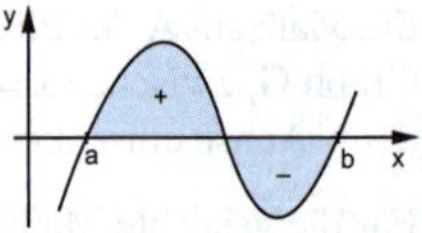

Wenn die Funktion auch negative Funktionswerte besitzt, dann stimmt der Wert des Integrals nicht mehr mit dem Flächeninhalt überein, weil das bestimmte Integral dann die Differenz der Maßzahl des Flächeninhalts oberhalb und unterhalb der x-Achse angibt. Der Flächeninhalt ist „orientiert". Zur Berechnung der Fläche werden die Beträge der Einzelflächen addiert.

Aus der Definition des bestimmten Integrals ergeben sich einige Folgerungen:

Eigenschaften des bestimmten Integrals

1. Jedes bestimmte Integral stellt eine reelle Zahl dar.
2. Jede in einem abgeschlossenen Intervall $I = [a; b]$ wenigstens stückweise stetige und beschränkte Funktion ist in I integrierbar.
3. $\int_b^a f(x)\,dx = -\int_a^b f(x)\,dx$, weil $a - b = -(b - a)$ ist.

   $\Rightarrow \int_a^a f(x)\,dx = 0$
4. $\int_b^a k \cdot f(x)\,dx = k \cdot \int_a^b f(x)\,dx$

   (k kann „ausgeklammert" werden)
5. $\int_b^a [f(x) \pm g(x)]\,dx = \int_a^b f(x)\,dx \pm \int_a^b g(x)\,dx$

   (Grenzwert einer Summe (Differenz) = Summe (Differenz) der Grenzwerte)
6. $\int_a^b f(x)\,dx = \int_a^c f(x)\,dx + \int_c^b f(x)\,dx$

   (Das Intervall [a; b], über das integriert wird, kann in zwei oder mehrere Intervalle aufgespalten werden.)
7. $f(x) < g(x) \;\Rightarrow\; \int_a^b f(x)\,dx < \int_a^b g(x)\,dx$

Anwendung auf Flächenberechnung:

1. Die Fläche zwischen zwei Funktionsgraphen erhält man als Differenz ihrer Flächen mit der x-Achse.

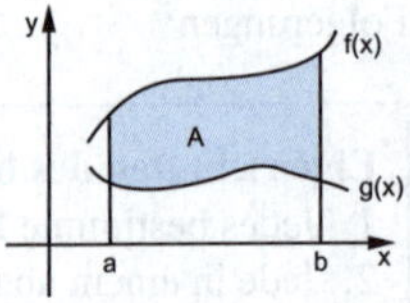

$$A = \int_a^b f(x)\,dx - \int_a^b g(x)\,dx$$

$$= \int_a^b [f(x) - g(x)]\,dx$$

Man subtrahiert von der oben liegenden Funktion die darunter liegende. Dann stimmen das bestimmte Integral und der Flächeninhalt überein.

2. Schneiden sich die Funktionen f und g im Intervall I = [a; b], muss man, um die Berechnung nach 1 verwenden zu können, das Intervall in den Schnittpunkten aufspalten und jeweils in den Teilintervallen integrieren.

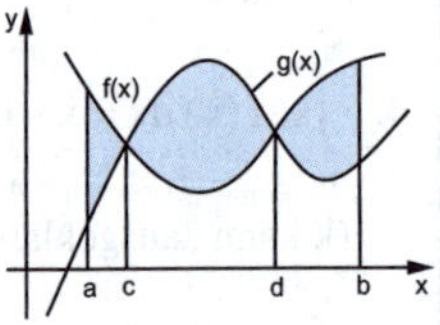

$$A = \int_a^c [f(x) - g(x)]\,dx + \int_c^d [g(x) - f(x)]\,dx + \int_d^b [f(x) - g(x)]\,dx$$

3. Als Spezialfälle von 2 ergeben sich folgende Flächen:
Die x-Achse ist der Graph der Funktion y = 0. Deshalb gilt:

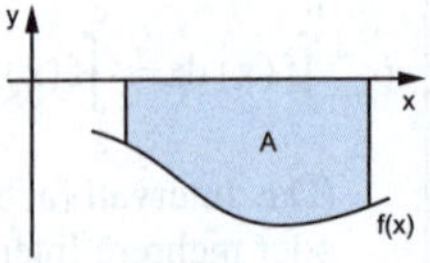

$$A = \int_a^b [0 - f(x)]\,dx = -\int_a^b f(x)\,dx = \left|\int_a^b f(x)\,dx\right|$$

$$A = -\int_a^c f(x)\,dx + \int_c^d f(x)\,dx - \int_d^e f(x)\,dx + \int_e^b f(x)\,dx$$

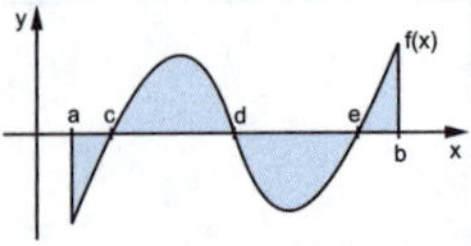

2 Hauptsatz der Differential- und Integralrechnung

Die bei der Flächenberechnung aufgetretenen Gesetzmäßigkeiten legen einen engen Zusammenhang zwischen der Integration und der Differentiation nahe. Dieser wird im Folgenden untersucht.

Der Zahlenwert eines bestimmten Integrals hängt von der Wahl der Integrationsgrenzen ab. Wählt man die untere Grenze a fest und lässt die obere Grenze x variabel, dann entsteht eine Funktion F, die Integralfunktion:

Integralfunktion

$F\colon\ x \mapsto F(x) = \int_a^x f(t)\,dt,\ x \in D_F$ heißt Integralfunktion.

Um eine Unterscheidung zwischen der Funktionsvariablen der Integrandenfunktion und der oberen Grenze x zu haben, wählt man für die Funktion f eine andere Variable, z. B. t. Es gilt der Hauptsatz der Differential- und Integralrechnung.

Hauptsatz der Differential- und Integralrechnung (HDI)

Jede Integralfunktion F einer stetigen Integrandenfunktion f ist differenzierbar. Ihre Ableitung ist die Integrandenfunktion f.

$$F(x) = \int_a^x f(t)\,dt \quad\Rightarrow\quad F'(x) = f(x)$$

Andererseits definiert man:

Stammfunktion
Eine differenzierbare Funktion F heißt Stammfunktion zu einer Funktion f im gemeinsamen Definitionsbereich, wenn $F'(x) = f(x)$ gilt.
Folgerungen:
1. Jede Integralfunktion ist auch eine Stammfunktion (Die Umkehrung gilt nicht!).
2. Zwei Stammfunktionen F und G zur selben Funktion f unterscheiden sich nur durch eine additive Konstante, denn es gilt:
   $[F(x) - G(x)]' = f(x) - f(x) = 0 \quad \Rightarrow \quad F(x) - G(x) = c$
   $\Rightarrow \quad F(x) = G(x) + c$
   Die Graphen aller Stammfunktionen zu einer Funktion f sind parallel zueinander.

Der Verlauf der Stammfunktion F zu einer Funktion f wird am folgenden Beispiel verdeutlicht.

Beispiel $f(x) = x \quad \Rightarrow \quad F(x) = \frac{1}{2}x^2 + c$

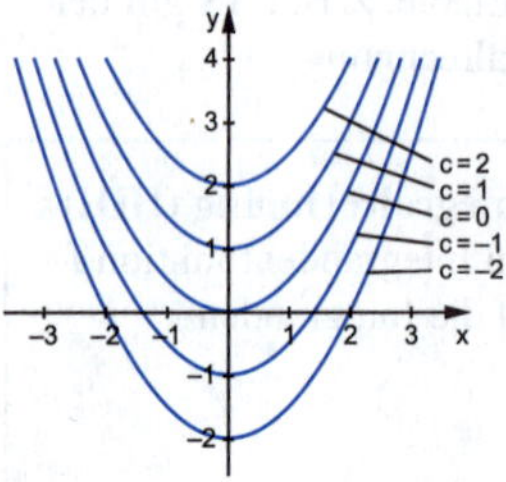

Unbestimmtes Integral

Die Menge aller Stammfunktionen zu einer Funktion f heißt das unbestimmte Integral.

Man schreibt: $\int f(x)\,dx = F(x) + c$

Beispiel

1. $\int \frac{1}{x^2}\,dx = -\frac{1}{x} + c$

2. $\int (x^5 - x^3 + 2x^2 + 3)\,dx = \frac{1}{6}x^6 - \frac{1}{4}x^4 + \frac{2}{3}x^3 + 3x + c$

Da fast der gesamte Inhalt der Integralrechnung auf die Verwendung von Stammfunktionen komprimiert werden kann, folgt eine Zusammenstellung der Stammfunktionen der Elementarfunktionen.

Stammfunktionen der Elementarfunktionen

$f(x) = 0 \quad \Rightarrow \quad F(x) = c$

$f(x) = 1 \quad \Rightarrow \quad F(x) = x + c$

$f(x) = x \quad \Rightarrow \quad F(x) = \frac{x^2}{2} + c$

… …

$f(x) = x^n \quad \Rightarrow \quad F(x) = \frac{x^{n+1}}{n+1} + c$

$f(x) = \sin x \quad \Rightarrow \quad F(x) = -\cos x + c$

$f(x) = \cos x \quad \Rightarrow \quad F(x) = \sin x + c$

$f(x) = \frac{1}{x^2} \quad \Rightarrow \quad F(x) = -\frac{1}{x} + c$

$f(x) = \frac{1}{\sqrt{x}} \quad \Rightarrow \quad F(x) = 2\sqrt{x} + c$

$f(x) = \frac{1}{x} \quad \Rightarrow \quad F(x) = \ln|x| + c$

$f(x) = e^x \quad \Rightarrow \quad F(x) = e^x + c$

Bestimmtes Integral und Integralfunktion lassen sich mithilfe von Stammfunktionen besonders einfach angeben.

Bestimmtes Integral und Integralfunktion

Falls F irgendeine Stammfunktion zur Funktion f ist, so ergibt sich für **das bestimmte Integral**

$$\int_a^b f(x)\,dx = [F(x)]_a^b = F(b) - F(a)$$

die Integralfunktion

$$\int_a^x f(t)\,dt = [F(t)]_a^x = F(x) - F(a)$$

Beispiel 1. a) $\int_1^3 x\,dx = \left[\frac{x^2}{2}\right]_1^3 = \frac{9}{2} - \frac{1}{2} = 4$

b) $\int_2^4 \frac{1}{x^2}\,dx = \left[-\frac{1}{x}\right]_2^4 = -\frac{1}{4} + \frac{1}{2} = \frac{1}{4}$

c) $\int_{-1}^1 \frac{1}{x^2}\,dx$ ist nicht definiert, da über die Unendlichkeitsstelle $x_0 = 0$ nicht hinweg integriert werden darf. Die Integrationsgrenzen müssen entweder beide negativ oder beide positiv sein.

d) $\int_1^4 \frac{1}{x}\,dx = [\ln|\,x\,|]_1^4 = \ln 4 - \ln 1 = \ln 4$

e) $\int_{-2}^2 2e^x dx = [2e^x]_{-2}^2 = 2e^2 - 2e^{-2} = 2\left(e^2 - \frac{1}{e^2}\right)$

f) $\int_0^{\frac{\pi}{2}} \cos x\,dx = [\sin x]_0^{\frac{\pi}{2}} = 1 - 0 = 1$

2. a) $F(x) = \int_4^x \frac{1}{2\sqrt{t}}\,dt = \left[\sqrt{t}\right]_4^x = \sqrt{x} - \sqrt{4} = \sqrt{x} - 2$

b) $F(x) = \int_a^x \frac{1}{t^2}\,dt$

Bestimme a so, dass der Punkt P(2 | 1) auf dem Graphen G_F der Funktion F liegt.

Lösung:

$$F(x) = \left[-\frac{1}{t}\right]_a^x = -\frac{1}{x} + \frac{1}{a} \;\Rightarrow\; F(2) = -\frac{1}{2} + \frac{1}{a} = 1$$

$$\Rightarrow\; F(x) = -\frac{1}{x} + \frac{3}{2}$$

Wird eine (Elementar-)Funktion in x-Richtung verschoben und gestreckt, so gibt die folgende Formel eine einfache Berechnungsmöglichkeit für das unbestimmte Integral an.

Stammfunktion bei Verschiebung und Streckung in x-Richtung

Ist F eine Stammfunktion zur Funktion f, dann gilt:

$$\int f(ax+b)\,dx = \frac{1}{a} \cdot F(ax+b) + c$$

Beispiel

1. $\int \sin(2x+1)\,dx = -\frac{1}{2} \cdot \cos(2x+1) + c$

2. $\int e^{\frac{1}{2}x-4}\,dx = 2 \cdot e^{\frac{1}{2}x-4} + c$

In den folgenden Beispielen wurde auf die einleitende Kurvendiskussion verzichtet, d. h. es wurden nur die Graphen gezeichnet und die gewünschten Flächen berechnet.

Beispiel 1. Bestimme den Inhalt der Fläche, die die Graphen der Funktionen f: $x \mapsto f(x) = \frac{1}{4}x^2$ und g: $x \mapsto g(x) = x - 2$ zwischen $x = 2$ und $x = 4$ miteinander einschließen.

Lösung:

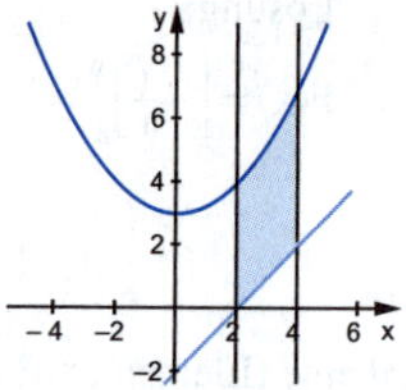

$$A = \int_2^4 (f(x) - g(x))\,dx$$

$$= \int_2^4 \left(\frac{1}{4}x^2 - x + 2\right) dx$$

$$= \left[\frac{1}{12}x^3 - \frac{x^2}{2} + 2x\right]_2^4$$

$$= \left(\frac{64}{12} - 8 + 8\right) - \left(\frac{8}{12} - 2 + 4\right) = \frac{16}{3} - 8 + 8 - \frac{2}{3} + 2 - 4$$

$$= \frac{8}{3}\text{ FE}$$

2. Bestimme die Inhalte A_1 und A_2 der Flächen, die die Graphen der Funktionen f: $x \mapsto f(x) = -x^3 + 3x^2$ und g: $x \mapsto g(x) = x^2 - 3x$ miteinander einschließen.

Lösung:

Die Graphen schneiden sich in den Punkten $N_1(-1\,|\,0)$, $N_2(0\,|\,0)$ und $N_3(3\,|\,0)$. Für die gesuchten Flächeninhalte gilt:

$$A_1 = \int_{-1}^0 (g(x) - f(x))\,dx = \int_{-1}^0 \left(x^2 - 3x + x^3 - 3x^2\right) dx$$

$$= \int_{-1}^0 \left(x^3 - 2x^2 - 3x\right) dx = \left[\frac{x^4}{4} - \frac{2x^3}{3} - \frac{3x^2}{2}\right]_{-1}^0$$

$$= 0 - \left(\frac{1}{4} + \frac{2}{3} - \frac{3}{2}\right) = \frac{7}{12}\text{ FE}$$

$$A_2 = \int_0^3 (f(x) - g(x))\,dx = \ldots =$$

$$= \left[-\frac{x^4}{4} + \frac{2x^3}{3} + \frac{3x^2}{2}\right]_0^3$$

$$= -\frac{81}{4} + \frac{54}{3} + \frac{27}{2} = \frac{45}{4}\text{ FE}$$

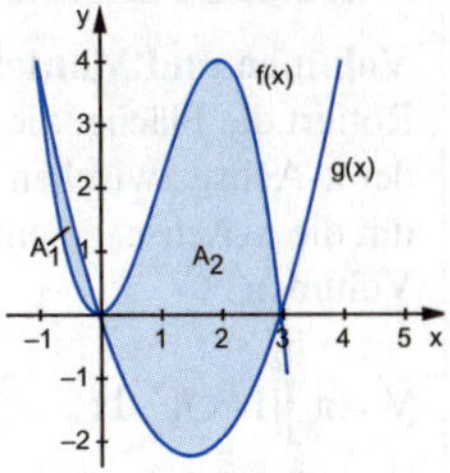

Erstreckt sich eine Fläche ins Unendliche, dann muss diese, falls sie existiert, mithilfe der Kenntnisse über Grenzwerte bestimmt werden.

Uneigentliches Integral
Ein Integral, bei dem eine Grenze im Unendlichen liegt, heißt uneigentliches Integral.

Beispiel

Bestimme den Inhalt der Fläche, die der Graph der Funktion $f\colon x \mapsto f(x) = e^{2x} - 2e^x$ mit der x-Achse einschließt.

Lösung:
Der Graph G_f hat das folgende Aussehen. Die Fläche liegt unterhalb der x-Achse. Deshalb wird diese wie folgt berechnet:

$$A = -\int_{-\infty}^{\ln 2} (e^{2x} - 2e^x)\,dx$$

$$= -\left[\frac{1}{2}e^{2x} - 2e^x\right]_{-\infty}^{\ln 2}$$

$$= -(2-4) + 0 = 2\text{ FE}$$

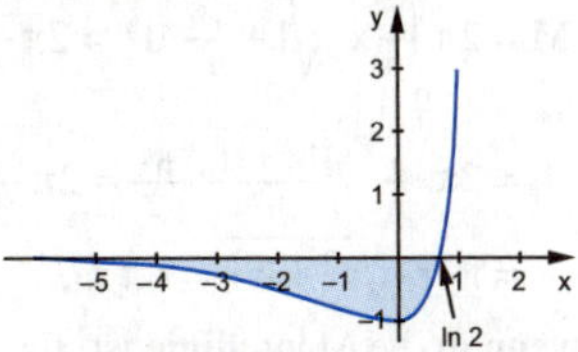

Der Wert 0 an der unteren Grenze des Integrals ergibt sich deshalb, weil sowohl $\lim\limits_{x \to -\infty} e^{2x} = 0$ und $\lim\limits_{x \to -\infty} e^x = 0$ gilt.

Die Integralrechnung liefert interessante geometrische Anwendungen. So kann man Volumen und Mantelfläche eines Drehkörpers berechnen, falls ein Funktionsgraph um die x-Achse rotiert.

Volumen und Mantelfläche eines Rotationskörpers

Rotiert die Fläche, die vom Graphen G_f der Funktion f mit der x-Achse zwischen x = a und x = b eingeschlossen wird, um die x-Achse, so entsteht ein Rotationskörper mit dem Volumen

$$V = \pi \int_a^b [f(x)]^2 \, dx$$

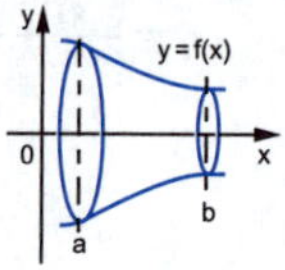

und der Mantelfläche

$$M = 2\pi \int_a^b |f(x)| \cdot \sqrt{1 + [f'(x)]^2} \, dx$$

Beispiel Rotiert ein rechtwinkliges Dreieck mit den Katheten r und h (siehe Skizze) um die Kathete h, so entsteht ein Kreiskegel.

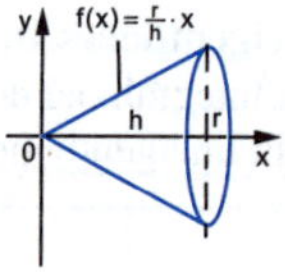

Für die Hypotenuse gilt: $f(x) = \frac{r}{h} \cdot x$

Damit erhält man das Kegelvolumen

$$V = \pi \int_0^h \left(\frac{r}{h} \cdot x\right)^2 dx = \pi \cdot \left[\frac{r^2 x^3}{h^2 \cdot 3}\right]_0^h = \frac{\pi r^2 h}{3} = \frac{1}{3} \cdot r^2 \pi \cdot h$$

Für die Mantelfläche gilt:

$$M = 2\pi \int_0^h \frac{r}{h} x \cdot \sqrt{1 + \frac{r^2}{h^2}} \, dx = 2\pi \cdot \frac{r}{h} \cdot \sqrt{\frac{h^2 + r^2}{h^2}} \cdot \left[\frac{x^2}{2}\right]_0^h =$$

$$= 2\pi \cdot \frac{r}{h} \cdot \sqrt{\frac{h^2 + r^2}{h^2}} \cdot \frac{h^2}{2} = 2\pi \cdot \frac{r}{h} \cdot \frac{1}{h} \cdot \sqrt{r^2 + h^2} \cdot \frac{h^2}{2} =$$

$$= \pi \cdot r \cdot \sqrt{r^2 + h^2} = r \pi m,$$

wenn m die Mantellinie ist, für die $m^2 = r^2 + h^2$ gilt.
Diese Ausdrücke kennt man bereits aus der Elementargeometrie der Mittelstufe mit $V = \frac{1}{3} G \cdot h$, mit der Grundfläche $G = r^2\pi$ und der Höhe h sowie der Mantelfläche $M = r\pi m$.
Eine andere geometrische Anwendung ist die Bestimmung der Bogenlänge einer Kurve. Es gilt:

Länge des Bogens einer Kurve

Ist G_f der Graph einer stetigen und differenzierbaren Funktion f zwischen den Werten $x = a$ und $x = b$, so besitzt er die Längenmaßzahl

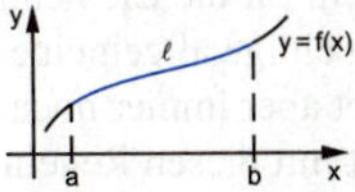

$$\ell = \int_a^b \sqrt{1 + [f'(x)]^2}\, dx$$

Beispiel

Bestimme die Maßzahl ℓ der Länge des Kurvenstücks der Funktion $y = f(x) = \ln x$ von $x = 1$ bis $x = 2{,}4$.

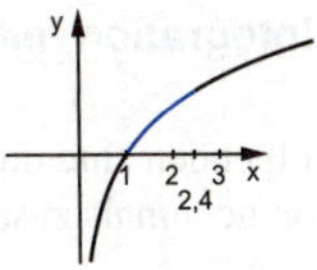

Lösung:
Es gilt:

$$y = f(x) = \ln x \;\Rightarrow\; y' = f'(x) = \frac{1}{x}$$

$$\ell = \int_1^{2,4} \sqrt{1 + \left(\frac{1}{x}\right)^2}\, dx = \int_1^{2,4} \frac{\sqrt{1 + x^2}}{x}\, dx =$$

Das Integral wird mit Verfahren gelöst, die auf den folgenden Seiten beschrieben werden.

Substitution: $t^2 = 1 + x^2 \;\Rightarrow\; 2t\,dt = 2x\,dx \;\Rightarrow\; dx = \frac{t}{x}\,dt$

Grenze $x = 1 \rightarrow t = 0$; Grenze $x = 2{,}4 \rightarrow t = 2{,}6$

$$= \int_0^{2,6} \frac{t^2}{t^2 - 1}\, dt = \int_0^{2,6} \left(1 + \frac{1}{t^2 - 1}\right) dt = \int_0^{2,6} \left(1 + \frac{1}{2}\left(\frac{1}{t-1} - \frac{1}{t+1}\right)\right) dt =$$

$$= \left[t + \frac{1}{2} \ln\left|\frac{t-1}{t+1}\right|\right]_0^{2,6} = 2{,}6 + \frac{1}{2}\ln\frac{4}{9} \approx 2{,}19 \text{ LE}$$

3 Integrationsverfahren

Wie bei der Differentiation reichen auch bei der Integration die Regeln für die Elementarfunktionen nicht aus, d. h. wir müssen noch einige allgemeine Integrationsregeln verwenden. Dann bleibt aber immer noch eine große Zahl von Funktionen, die nicht mit diesen Regeln integriert werden kann. Für solche Integrale kann man dann die Annäherung mithilfe der Grenzwertdefinition aus 1 ausführen.

3.1 Integration mit den Grundformeln

Im Folgenden sind die bereits bekannten Grundformeln der Integration nochmals zusammengestellt und an Beispielen verdeutlicht.

Integration mit Grundformeln

Integral einer Summe

$$\int (f(x) + g(x))\, dx = \int f(x)\, dx + \int g(x)\, dx$$

Integral mit konstantem Faktor

$$\int k \cdot f(x)\, dx = k \cdot \int f(x)\, dx$$

Integral der Potenzfunktion $y = f(x) = x^n$

$$\int x^n\, dx = \frac{x^{n+1}}{n+1} + c, \qquad n \in \mathbb{R} \setminus \{-1\}$$

Integral der Funktion $y = f(x) = \frac{1}{x}$

$$\int \frac{1}{x}\, dx = \ln|x| + c$$

Integral einer Ableitungsfunktion

$$\int f'(x)\, dx = f(x) + c$$

Beispiel

1. $\int (x^2 + 3x - 2)\,dx = \frac{x^3}{3} + \frac{3x^2}{2} - 2x + c$

2. $\int \frac{x^3}{x+1}\,dx = \int \left(x^2 - x + 1 - \frac{1}{x+1}\right) dx$
   $= \frac{x^3}{3} - \frac{x^2}{2} + x - \ln|x+1| + c$

3. $\int \frac{x}{\sqrt{x^2-1}}\,dx = \int \frac{2x}{2\sqrt{x^2-1}}\,dx = \sqrt{x^2-1} + c$

Bekannte Funktionen und ihre Ableitungen führen auf die folgenden Integrale.

Integration mit bekannten Funktionen

Integration der Sinusfunktion

$$\int \sin x\,dx = -\cos x + c$$

Integration der Kosinusfunktion

$$\int \cos x\,dx = \sin x + c$$

Integration der natürlichen Exponentialfunktion

$$\int e^x dx = e^x + c$$

Beispiel

1. $\int \cos ax\,dx = \frac{1}{a}\sin x + c$

2. $\int e^{ax+b} dx = \frac{1}{a} \cdot e^{ax+b} + c$

3.2 Integration durch Umkehrung der logarithmischen Differentiation

Für eine Funktion f: $x \mapsto f(x) = \ln g(x)$ gilt:

$$f'(x) = \frac{1}{g(x)} \cdot g'(x) = \frac{g'(x)}{g(x)}$$

Kehrt man die Differentiation um, so erhält man:

$$\int \frac{g'(x)}{g(x)}\,dx = \ln|g(x)| + c$$

Beispiel

1. $\int \frac{2}{2x+3}\,dx = \ln|2x+3| + c$
2. $\int \frac{2x+5}{x^2+5x-8}\,dx = \ln|x^2+5x-8| + c$

3.3 Integration durch Aufspaltung in Partialbrüche

Bei manchen gebrochen rationalen Funktionen lässt sich der Nenner als ein Produkt schreiben und der gesamte Bruch als eine Summe von integrierbaren Teilbrüchen (Partialbrüchen) darstellen.

Beispiel Im folgenden Beispiel wird der Nenner des Bruches in ein Produkt von zwei Faktoren zerlegt und dann der gesamte Bruch als eine Summe mit den beiden Faktoren als Nenner dargestellt. Bringt man dann diese beiden Brüche wieder auf den gemeinsamen Nenner und führt einen Vergleich mit dem ursprünglichen Bruch aus, so erhält man die gewünschte Aufspaltung in Teilbrüche.

$$\int \frac{2x+1}{x^2-3x+2}\,dx =$$

Für die Integrandenfunktion gilt:

$$\frac{2x+1}{x^2-3x+2} = \frac{2x+1}{(x-1)(x-2)} = \frac{A}{x-1} + \frac{B}{x-2}$$

Zur Bestimmung der Variablen A und B verwenden wir, dass die Beziehung

$$\frac{2x+1}{x^2-3x+2}=\frac{A}{x-1}+\frac{B}{x-2}=\frac{Ax-2A+Bx-B}{(x-1)(x-2)}=\frac{(A+B)\cdot x+(-2A-B)}{(x-1)(x-2)}$$

gelten muss.

Bei gleichem Nenner müssen die Zähler gleich sein. Ein Vergleich der Koeffizienten im Zähler ergibt:

$$\left.\begin{array}{ll}1. & A+B=2\\ 2. & -2A-B=1\end{array}\right\}\Rightarrow A=-3;\, B=5$$

Damit kann man die Integration fortsetzen:

$$\int\frac{-3}{x-1}\,dx+\int\frac{5}{x-2}\,dx=-3\ln|x-1|+5\ln|x-2|+c$$

3.4 Integration durch Substitution

Die Integration durch Substitution beruht auf der Umkehrung der Kettenregel. Diese Art der Integration wird häufig dann genutzt, wenn die Funktionen verkettet sind, wobei die innere Funktion substituiert wird. Es gilt:

Integration durch Substitution

$$\int f(x)\,dx=\int f(g(t))\cdot g'(t)\,dt \ \wedge\ x=g(t)$$

Es wird zunächst das unbestimmte Integral bestimmt. Erst danach werden auftretende Integrationsgrenzen eingesetzt. Das Verfahren kann formalisiert werden:

1. Wahl einer geeigneten Substitution $x=g(t)$ bzw. $t=g^{-1}(x)$. Bilde $dx=g'\cdot dt$.
2. Einsetzen von $x=g(t)$ und Ersetzen von dx durch $g'(t)\,dt$.
3. Ausführung der Integration in t.
4. Rückeinsetzen von $t=g^{-1}(x)$.

Beispiel 1. $\int \frac{e^{\sqrt{x}}}{\sqrt{x}}\,dx =$

Substitution: $t = \sqrt{x} \Rightarrow x = t^2$

$dx = 2t\,dt$

Einsetzen: $\int \frac{e^t}{t} \cdot 2t\,dt = \int 2e^t\,dt = 2e^t + c$

Rückeinsetzen: $= 2e^{\sqrt{x}} + c$

2. $\int \frac{x^2}{\sqrt{x^3+2}}\,dx =$

Substitution: $t = x^3 + 2 \Rightarrow dt = 3x^2 dx$

$\Rightarrow dx = \frac{1}{3x^2}\,dt$

Einsetzen: $= \int \frac{x^2 \cdot 1}{\sqrt{t} \cdot 3x^2}\,dt = \frac{1}{3}\int \frac{1}{\sqrt{t}}\,dt = \frac{1}{3} \cdot 2\sqrt{t} + c =$

Rückeinsetzen: $= \frac{2}{3}\sqrt{x^3 + 2} + c$

3.5 Partielle Integration

Die partielle Integration beruht auf der **teilweisen Umkehrung der Produktregel**. Deshalb wird die partielle Integration bevorzugt dort verwendet, wo Funktionen multiplikativ verknüpft sind:

Es gilt für $f(x) = u(x) \cdot v(x)$:

$f'(x) = u'(x) \cdot v(x) + u(x) \cdot v'(x)$

$$\int f'(x)\,dx = \int [u(x) \cdot v(x)]'\,dx = u(x) \cdot v(x)$$

$$= \int u'(x) \cdot v(x)\,dx + \int u(x) \cdot v'(x)\,dx$$

Partielle Integration

$$\int u(x) \cdot v'(x)\,dx = u(x) \cdot v(x) - \int u'(x) \cdot v(x)\,dx$$

Auch hier wird zunächst das unbestimmte Integral bestimmt. Erst danach werden auftretende Integrationsgrenzen eingesetzt.

Beispiel

1. $\int x \cdot \sin x \, dx =$

   Wahl von u und v': $u = x \Rightarrow u' = 1$

   $v' = \sin x \Rightarrow v = -\cos x$

   $= -x \cdot \cos x - \int -\cos x \, dx = -x \cdot \cos x + \sin x + c$

2. $\int x^2 \cdot e^{-x} \, dx =$

   Die partielle Integration muss zweimal angewendet werden.

   Wahl von u und v': $u = x^2 \Rightarrow u' = 2x$

   $v' = e^{-x} \Rightarrow v = -e^{-x}$

   $= -x^2 \cdot e^{-x} - \int -2xe^{-x} \, dx = -x^2 \cdot e^{-x} + \int 2xe^{-x} \, dx$

   Wahl von u und v': $u = 2x \Rightarrow u' = 2$

   $v' = e^{-x} \Rightarrow v = -e^{-x}$

   $= -x^2 \cdot e^{-x} - 2xe^{-x} - \int -2e^{-x} \, dx$

   $= -x^2 \cdot e^{-x} - 2xe^{-x} - 2e^{-x} + c$

   $= -e^{-x}(x^2 + 2x + 2) + c$

3. Bestimmung des Integrals einer Elementarfunktion durch partielle Integration

   $\int \ln x \, dx = \int 1 \cdot \ln x \, dx =$

   Wahl von u und v': $u = \ln x \Rightarrow u' = \frac{1}{x}$

   $v' = 1 \Rightarrow v = x$

   $= x \ln x - \int dx = x \ln x - x + c$

   Es gilt also:

   $$\int \ln x \, dx = x \cdot \ln x - x + c$$

4. $\int (\cos x)^2\, dx = \int \cos x \cdot \cos x\, dx =$

Das Integral bleibt nach der Anwendung der partiellen Integration auch auf der rechten Seite stehen.

Wahl von u und v': $u = \cos x \quad \Rightarrow \quad u' = -\sin x$

$v' = \cos x \quad \Rightarrow \quad v = \sin x$

$$= \cos x \cdot \sin x - \int -\sin x \cdot \sin x\, dx = \cos x \cdot \sin x + \int (\sin x)^2\, dx$$

$$= \cos x \cdot \sin x + \int (1 - (\cos x)^2)\, dx$$

$$= \cos x \cdot \sin x + \int 1 \cdot dx - \int (\cos x)^2\, dx$$

$$= \cos x \cdot \sin x + x - \int (\cos x)^2\, dx$$

$$\Rightarrow \quad 2 \cdot \int (\cos x)^2\, dx = \cos x \cdot \sin x + x$$

$$\Rightarrow \quad \int (\cos x)^2\, dx = \tfrac{1}{2} \cos x \cdot \sin x + \tfrac{1}{2} x + c$$

5. $\int \frac{\ln x}{x}\, dx$

Sowohl Integration durch Substitution als auch partielle Integration sind möglich:

(1) Substitution:

$t = \ln x \quad \Rightarrow \quad dt = \frac{1}{x}\, dx$

$\Rightarrow \quad dx = x \cdot dt$

$$\int \frac{\ln x}{x}\, dx = \int \frac{t \cdot x}{x}\, dt = \int t\, dt = \tfrac{1}{2} t^2 + c = \tfrac{1}{2} (\ln x)^2 + c$$

(2) Partielle Integration:

Wahl von u und v': $u = \ln x \quad \Rightarrow \quad u' = \frac{1}{x}$

$v' = \frac{1}{x} \quad \Rightarrow \quad v = \ln x$

$$\int \frac{\ln x}{x}\, dx = (\ln x)^2 - \int \frac{\ln x}{x}\, dx$$

$$\Rightarrow \quad 2 \cdot \int \frac{\ln x}{x}\, dx = (\ln x)^2$$

$$\Rightarrow \quad \int \frac{\ln x}{x}\, dx = \tfrac{1}{2} (\ln x)^2 + c$$

6. $\int \sin\sqrt{x}\,dx =$

Es müssen die Integration durch Substitution und die partielle Integration nacheinander verwendet werden.

Substitution: $t = \sqrt{x} \;\Rightarrow\; dt = \frac{1}{2\sqrt{x}}\,dx$

$\Rightarrow\; dx = 2\sqrt{x}\,dt = 2t\,dt$

$= \int 2t \cdot \sin t\,dt$

Partielle Integration:

Wahl von u und v': $u = 2t \;\Rightarrow\; u' = 2$

$v' = \sin t \;\Rightarrow\; v = -\cos t$

$= -2t\cos t + \int 2\cos t\,dt = -2t\cos t + 2\sin t + c$

$= -2\sqrt{x}\cos\sqrt{x} + 2\sin\sqrt{x} + c$

Komplexe Zahlen

Es gibt quadratische Gleichungen $ax^2 + bx + c = 0$, bei denen die Diskriminante $D = b^2 - 4ac$ negativ ist, d. h. die keine reelle Lösung besitzen. Abhilfe schaffte Leonhard Euler, der bei der Entwicklung der komplexen Zahlen durch Hinzunahme von $\sqrt{-1} = i$ zu den reellen Zahlen Grundsätzliches geleistet hat. Carl Friedrich Gauß, einem der größten Mathematiker und Naturwissenschaftler aller Zeiten, verdanken wir die endgültige Lösung des Problems.

1 Zahlbereichserweiterungen

Zahlbereichserweiterungen werden nach dem Permanenzprinzip von Hermann Hankel vorgenommen. Es besagt im Wesentlichen, dass die Rechengesetze, die in der ursprünglichen Menge gegolten haben, auch in der umfassenderen Menge weiter gelten müssen.

1.1 Bisherige Zahlbereichserweitungen

Ausgangspunkt ist die Menge $\mathbb{N} = \{1, 2, 3, \ldots\}$ der natürlichen Zahlen, in der die Rechenarten „+" und „·" bekannt und über das Distributivgesetz verknüpft sind. Folgende Zahlbereichserweiterungen wurden bisher durchgeführt:

$\mathbb{N} \to \mathbb{N}_0 = \mathbb{N} \cup \{0\}$: In $\mathbb{N}_0$ existiert das neutrale Element 0 der Addition.

$\mathbb{N}_0 \to \mathbb{Z} = \{\ldots, -3, -2, -1, 0, 1, 2, 3, \ldots\}$ = Menge der ganzen Zahlen: Zu jedem Element $a \in \mathbb{Z}$ existiert das inverse Element $-a$ der Addition.

$\mathbb{N}_0 \to \mathbb{Q}^+$ = Menge der positiven Brüche: Zu jedem Element $a \in \mathbb{Q}^+$ existiert das inverse Element $\frac{1}{a}$ bezüglich der Multiplikation.

$\left.\begin{matrix}\mathbb{Q}^+\\ \mathbb{Z}\end{matrix}\right\} \to$ $\mathbb{Q}$ = Menge der rationalen Zahlen: $\mathbb{Q}$ bildet einen Zahlkörper

$\mathbb{Q} \to \mathbb{R}$ = Menge der reellen Zahlen:
$\mathbb{R} = \mathbb{Q} \cup \mathbb{I}$, wobei die Menge $\mathbb{I}$ irrationale Zahlen der Form $\sqrt{a}$, $a \in \mathbb{Q}^+$ (algebraisch irrationale Zahlen) bzw. Zahlen wie $\ln 2$, π, … (transzendent irrationale Zahlen) enthält.

1.2 Der Körper $\mathbb{C}$ der komplexen Zahlen

Die Gleichungen $ax^2 + bx + c = 0$ haben für $D = b^2 - 4ac < 0$ keine reelle Lösung. Wegen $b^2 - 4ac = (-1) \cdot (-b^2 + 4ac)$ mit $-b^2 + 4ac > 0$ genügt es für die Lösung von quadratischen Gleichungen, wenn man $\sqrt{-1}$ als weitere Zahl zu den reellen Zahlen hinzunimmt. Euler hat für diese Zahl die Bezeichnung $i = \sqrt{-1}$ mit $i^2 = -1$ eingeführt und als imaginäre Einheit bezeichnet. Für den **Körper $\mathbb{C}$ der komplexen Zahlen** gilt folglich: $\mathbb{C} = \mathbb{R} \cup \{i\}$. Damit ergibt sich von $\mathbb{N}$ ausgehend die folgende Erweiterungskette:

$$\mathbb{N} \subseteq \mathbb{N}_0 \begin{matrix} \subseteq \mathbb{Z} \\ \subseteq \mathbb{Q}^+ \end{matrix} \subseteq \mathbb{Q} \subseteq \mathbb{R} \subseteq \mathbb{C}$$

Alle Zahlen $z \in \mathbb{C}$ haben nach Euler die Darstellung $z = a + b \cdot i$ mit dem **Realteil $a = \text{Re}(z)$** und dem **Imaginärteil $b = \text{Im}(z)$**. Eine eindeutige Darstellung einer komplexen Zahl erhält man, wenn man die **Paarschreibweise $z = a + b \cdot i = (a; b)$** einführt.

Rechenoperationen in $\mathbb{C}$

Mit $z_1 = (a; b) = a + b \cdot i$ und $z_2 = (c; d) = c + d \cdot i$ legt man fest:

1. $z_1 = z_2 \iff a = c \wedge b = d$
2. Addition „+“: $\mathbb{C} \times \mathbb{C} \to \mathbb{C}$:
   $z_1 + z_2 = (a; b) + (c; d) = (a + c; b + d)$
   $z_1 + z_2 = (a + b \cdot i) + (c + d \cdot i) = (a + c) + (b + d) \cdot i$
3. Multiplikation „·“: $\mathbb{C} \times \mathbb{C} \to \mathbb{C}$:
   $z_1 \cdot z_2 = (a; b) \cdot (c; d) = (ac - bd; ad + bc)$
   $z_1 \cdot z_2 = (a + b \cdot i) \cdot (c + d \cdot i) = ac + ad \cdot i + bc \cdot i - bd = (ac - bd) + (ad + bc) \cdot i$

Insbesondere gilt:
$(0; 1) \cdot (0; 1) = (0 - 1) + (0 + 0) \cdot i = -1$, d. h. $i \cdot i = i^2 = -1$

Körperaxiome in $\mathbb{C}$

In $\mathbb{C}$ gelten die folgenden Körperaxiome:

1. **Abgeschlossenheit:**
   $z_1 + z_2 = z \wedge z \in \mathbb{C}$ $\quad$ $z_1 \cdot z_2 = z \wedge z \in \mathbb{C}$

2. **Assoziativgesetz:**
   $(z_1 + z_2) + z_3 = z_1 + (z_2 + z_3)$ $\quad$ $(z_1 \cdot z_2) \cdot z_3 = z_1 \cdot (z_2 \cdot z_3)$

3. Bezüglich der Verknüpfung **+** existiert ein **neutrales Element** $\mathbf{0} = 0 + 0 \cdot i$ mit $z + 0 = 0 + z = z$

   Bezüglich der Verknüpfung **·** existiert ein neutrales Element $\mathbf{1} = 1 + 0 \cdot i$ mit $z \cdot 1 = 1 \cdot z = z$

4. Zu jedem $z \in \mathbb{C}$ existiert bezüglich der Verknüpfung **+** das **inverse Element** $-z$ mit $z + (-z) = 0$

   Zu jedem $z \in \mathbb{C}$ existiert bezüglich der Verknüpfung **·** das **inverse Element** $\frac{1}{z}$ mit $z \cdot \frac{1}{z} = 1$
   Für $z = a + b \cdot i$ gilt:
   $$\frac{1}{z} = \frac{1}{a+bi} \cdot \frac{a-bi}{a-bi} = \frac{a-bi}{a^2+b^2}$$
   $$= \frac{a}{a^2+b^2} - \frac{b}{a^2+b^2} \cdot i$$

5. **Kommutativgesetz:**
   $z_1 + z_2 = z_2 + z_1$ $\quad$ $z_1 \cdot z_2 = z_2 \cdot z_1$

6. **Distributivgesetz:** $\quad$ $z_1 \cdot (z_2 + z_3) = z_1 \cdot z_2 + z_1 \cdot z_3$

Anmerkung: Im Körper $\mathbb{C}$ gibt es keine Anordnung mittels der „Kleiner-Größer-Relation“ wie im Körper $\mathbb{R}$ der reellen Zahlen.

Konjugiert komplexe Zahl

Die Zahl $z^* = a - b \cdot i$ heißt die **konjugiert komplexe Zahl** zu $z = a + b \cdot i$. Es gilt: $(z^*)^* = z$.

Betrag

Den Betrag $|z|$ einer komplexen Zahl $z = a + b \cdot i = (a; b) = \begin{pmatrix} a \\ b \end{pmatrix}$ definiert man wie in der Geometrie für Vektoren, d. h. es gilt:

$$|z| = \sqrt{a^2 + b^2}$$

Es gilt stets: $z \cdot z^* = |z|^2 \Rightarrow |z| = \sqrt{z \cdot z^*}$

Beispiel

1. Bestimme zur Zahl $z = 4 + 3 \cdot i$ die Zahlen $\frac{1}{z}$ und z^* sowie den Betrag $|z|$.

   Lösung:

   $$\frac{1}{z} = \frac{4}{25} - \frac{3}{25} \cdot i$$

   $$z^* = 4 - 3 \cdot i$$

   $$|z| = \sqrt{16 + 9} = 5$$

2. Berechne:

   $$\begin{aligned}(4 - 7i) + (6 + 15i) + (7 - 3i) &= (4 + 6 + 7) + (-7 + 15 - 3) \\ &= 17 + 5i\end{aligned}$$

3. Berechne:

   $$\sqrt{2} \cdot i \cdot (1 - \sqrt{2} \cdot i) = \sqrt{2}\, i - 2i^2 = \sqrt{2}\, i + 2 = 2 + \sqrt{2} \cdot i$$

4. Vereinfache:

   $$\frac{2 - 3i}{3 + 4i} = \frac{(2 - 3i) \cdot (3 - 4i)}{(3 + 4i) \cdot (3 - 4i)} = \frac{(6 - 8i - 9i - 12)}{9 + 16} = -\frac{6}{25} - \frac{17}{25} \cdot i$$

2 Gauß'sche Zahlenebene

Da das Rechnen mit Zahlenpaaren sehr unanschaulich ist, werden komplexe Zahlen nach einem Vorschlag von Gauß wie Vektoren in einer Ebene, der **Gauß'schen Zahlenebene**, dargestellt. Anhand dieser Darstellung wird das Rechnen mit komplexen Zahlen anschaulich definiert. Die Moivre-Formeln, die Lösungen der Gleichung $z^n = -1$ sowie der Hinweis auf den Fundamentalsatz der Algebra und das Lösen von quadratischen Gleichungen schließen die Grundlagen des Rechnens im Körper $\mathbb{C}$ ab.

2.1 Komplexe Zahlen als Vektoren und Addition

Trägt man in Richtung der x-Achse den Realteil und in Richtung der y-Achse den Imaginärteil der komplexen Zahl $z = x + y \cdot i$ ab, dann erhält man die bekannte Vektordarstellung.

Beispiel

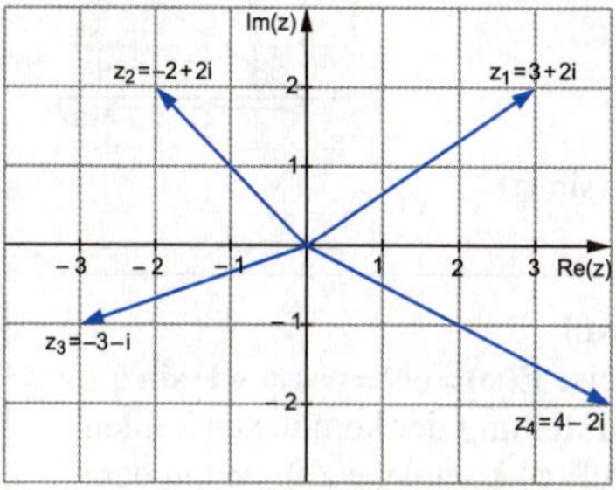

Die Addition bzw. Subtraktion komplexer Zahlen entspricht der Addition bzw. Subtraktion von Vektoren.

Beispiel Addiere die Zahlen $z_1 = 2 + i$ und $z_2 = 3 - 2i$

Lösung:

$z_1 + z_2 = (2 + i) + (3 - 2i) = 5 - i$

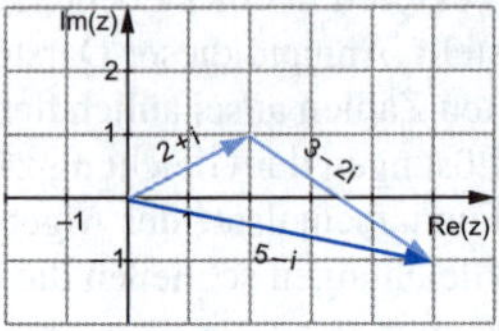

2.2 Polarform komplexer Zahlen und Multiplikation

Aus der Darstellung einer komplexen Zahl $z = a + b \cdot i$ in der Gauß'schen Zahlenebene folgt:

$$a = |z| \cdot \cos\varphi$$
$$b = |z| \cdot \sin\varphi$$
$$|z| = \sqrt{a^2 + b^2}$$
$$\tan\varphi = \frac{b}{a}$$
$$\Rightarrow \quad z = |z| \cdot (\cos\varphi + i \cdot \sin\varphi)$$

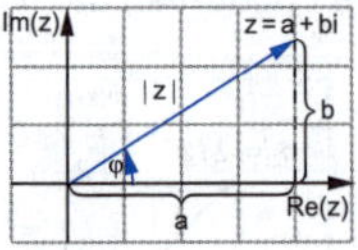

Polarform komplexer Zahl
Die abgekürzte Schreibweise $E(\varphi) = e^{i\varphi} = \cos\varphi + i \cdot \sin\varphi$ führt zur **Euler'schen Darstellung** der komplexen Zahlen $z = |z| \cdot E(\varphi)$, wobei durch $E(\varphi)$ komplexe Zahlen mit dem Betrag 1 dargestellt werden.
$z = |z| \cdot E(\varphi) = z = |z| \cdot (\cos\varphi + i \sin\varphi)$ heißt **Polarform** der komplexen Zahl z.

Beispiel

Gib die Zahl $z = 4 - 3 \cdot i$ in der Polarform an.

Lösung:

$$z = 4 - 3 \cdot i$$
$$|z| = \sqrt{16+9} = 5$$
$$\tan \varphi = \frac{-3}{4}$$
$$\Rightarrow \varphi = 323{,}13°$$
$$\Rightarrow z = 5 \cdot E(323{,}13°) = 5 \cdot (\cos 323{,}13° + i \cdot \sin 323{,}13°)$$

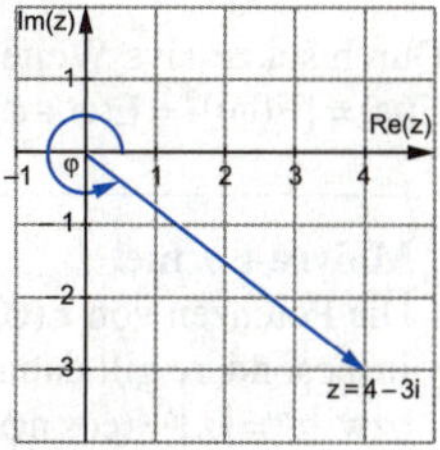

Aufgrund der Identität $E(\varphi_1) \cdot E(\varphi_2) = E(\varphi_1 + \varphi_2)$ (Nachweis mithilfe der Additionstheoreme für trigonometrische Funktionen) ergibt sich eine Möglichkeit, **Multiplikation und Division komplexer Zahlen** anschaulich darzustellen. Es gilt:

Multiplikation und Division komplexer Zahlen

$$z_1 \cdot z_2 = |z_1| \cdot |z_2| \cdot E(\varphi_1) \cdot E(\varphi_2) = |z_1| \cdot |z_2| \cdot E(\varphi_1 + \varphi_2) \text{ bzw.}$$
$$z_1 : z_2 = \frac{z_1}{z_2} = \frac{|z_1|}{|z_2|} \cdot E(\varphi_1) \cdot E(-\varphi_2) = \frac{|z_1|}{|z_2|} \cdot E(\varphi_1 - \varphi_2)$$

Zwei komplexe Zahlen in Polarkoordinaten werden multipliziert (dividiert), indem man ihre Beträge multipliziert (dividiert) und ihre Argumente φ_1 und φ_2 addiert (subtrahiert).

Beispiel

Bestimme Produkt und Quotient der komplexen Zahlen $z_1 = 1{,}5 \cdot E(60°) = 1{,}5 \cdot (\cos 60° + i \cdot \sin 60°) = 0{,}75 + 0{,}75\sqrt{3} \cdot i$ und $z_2 = 2 \cdot E(135°) = 2 \cdot (\cos 135° + i \cdot \sin 135°) = -\sqrt{2} + \sqrt{2} \cdot i$ und stelle das Produkt in der Gauß'schen Zahlenebene dar.

Lösung:

$$z_1 \cdot z_2 = 1{,}5 \cdot 2 \cdot E(60° + 135°) = 3 \cdot E(195°) = 3 \cdot (\cos 195° + i \cdot \sin 195°) \approx -2{,}90 - 0{,}78 \cdot i$$

$$\frac{z_1}{z_2} = \frac{1{,}5}{2} \cdot E(60° - 135°) = 0{,}75 \cdot E(-75°) = 0{,}75 \cdot (\cos(-75°) + i \cdot \sin(-75°)) \approx 0{,}19 - 0{,}72i$$

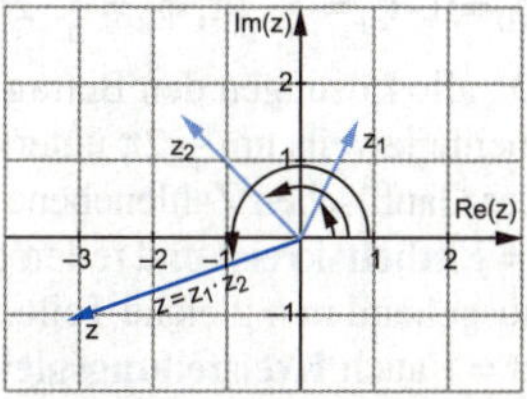

2.3 Moivre-Formeln und n-te Einheitswurzeln

Durch sukzessive Weiterführung der Multiplikation $E(\varphi)$ $E(\varphi) = [E(\varphi)]^2 = E(\varphi + \varphi) = E(2\varphi)$ erhält man die

> **Moivre-Formel**
> Die Potenzen von $E(\varphi)$ ergeben sich zu **$[E(\varphi)]^n = E(n \cdot \varphi)$**.
> Insbesondere gilt dann $(\cos\varphi + i \cdot \sin\varphi)^n = \cos n\varphi + i \cdot \sin n\varphi$ bzw. $z^n = |z|^n \cdot (\cos n\varphi + i \cdot \sin n\varphi)$.

Beispiel Berechne z^6 für $z = \sqrt{3} + i$

Lösung:

$|z| = \sqrt{3+1} = 2;\ \tan\varphi = \frac{1}{\sqrt{3}} \ \Rightarrow\ \varphi = 30°$

$\Rightarrow\ z = 2 \cdot (\cos 30° + i \cdot \sin 30°)$

$z^6 = 2^6 \cdot (\cos 6 \cdot 30° + i \cdot \sin 6 \cdot 30°) = 64 \cdot (\cos 180° + i \cdot \sin 180°) =$
$= 64(-1+0) = -64$

Zum Vergleich:

$z^2 = (\sqrt{3} + i) = 3 + 2\sqrt{3} \cdot i - 1 = 2(1 + \sqrt{3} \cdot i)$

$z^4 = (z^2)^2 = [2(1 + \sqrt{3} \cdot i)]^2 = 4 \cdot (1 + 2\sqrt{3} \cdot i - 3) = -8(1 - \sqrt{3} \cdot i)$

$z^6 = z^4 \cdot z^2 = -8(1 - \sqrt{3} \cdot i) \cdot 2 \cdot (1 + \sqrt{3} \cdot i) = -16 \cdot (1+3) = -64$

Im Folgenden werden Gleichungen der Form $z^n = 1$, $n \in \mathbb{N}$, $z \in \mathbb{C}$ betrachtet. Ihre Lösungen heißen **n-te Einheitswurzeln**. Aus der Darstellung $z^n = |z|^n \cdot E(n \cdot \varphi) = 1$ ergibt sich, dass alle Lösungen den Betrag 1 besitzen. Da auch $E(n \cdot \varphi) = 1$ gelten muss und Kosinus und Sinus die Periode 2π besitzen, folgt aus $n \cdot \varphi = k \cdot 2\pi$, dass es n Lösungen mit den Argumenten

$\varphi_0 = 0,\ \varphi_1 = \frac{1}{n} \cdot 2\pi,\ \varphi_2 = \frac{2}{n} \cdot 2\pi, \ldots, \varphi_n = \frac{n-1}{n} \cdot 2\pi$ gibt.

Da alle Lösungen den Betrag 1 besitzen und sich ihre Argumente jeweils um $\frac{1}{n} \cdot 2\pi$ unterscheiden, liegen alle Lösungen in der Gauß'schen Zahlenebene auf einem Kreis mit Radius 1 (= **Einheitskreis**) und teilen die Kreislinie vom Punkt $P(1|0)$ ausgehend in n gleiche Teile. Man nennt deshalb die Gleichung $z^n = 1$ auch **Kreisteilungsgleichung**

Es gilt:

Kreisteilungsgleichung, n-te Einheitswurzeln
Die Lösungen der Kreisteilungsgleichung $z^n = 1$, die n-ten Einheitswurzeln ε_k, sind gegeben durch

$$\varepsilon_k = \cos\left(\frac{k}{n} \cdot 2\pi\right) + i \sin\left(\frac{k}{n} \cdot 2\pi\right) \quad \text{mit } k = 0, 1, 2, \ldots, n-1.$$

Beispiel

Bestimme die Lösungen der Gleichung $z^3 = 1$, $G = \mathbb{C}$, stelle diese grafisch dar und führe eine Probe durch.

Lösung:

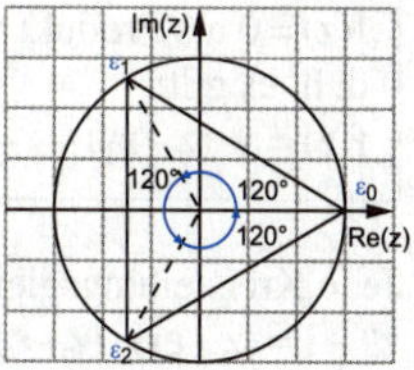

$$\varepsilon_0 = 1$$

$$\varepsilon_1 = \cos\frac{2\pi}{3} + i \cdot \sin\frac{2\pi}{3} = -\frac{1}{2} + \frac{1}{2}\sqrt{3}\, i$$

$$\varepsilon_2 = \cos\frac{2 \cdot 2\pi}{3} + i \cdot \sin\frac{2 \cdot 2\pi}{3} = -\frac{1}{2} - \frac{1}{2}\sqrt{3}\, i$$

Probe: $\varepsilon_0^3 = 1$ (wahr)

$$\varepsilon_1^3 = \left(-\frac{1}{2} + \frac{1}{2}\sqrt{3}\, i\right)^3$$
$$= \left(-\frac{1}{2} + \frac{1}{2}\sqrt{3}\, i\right)^2 \cdot \left(-\frac{1}{2} + \frac{1}{2}\sqrt{3}\, i\right) =$$
$$= \left(\frac{1}{4} - \frac{1}{2}\sqrt{3}\, i - \frac{3}{4}\right)\left(-\frac{1}{2} + \frac{1}{2}\sqrt{3}\, i\right) =$$
$$= \left(-\frac{1}{2} - \frac{1}{2}\sqrt{3}\, i\right)\left(-\frac{1}{2} + \frac{1}{2}\sqrt{3}\, i\right) =$$
$$= \frac{1}{4} + \frac{3}{4} = 1 \quad \text{(wahr)}$$

$$\varepsilon_2^3 = \left(-\frac{1}{2} - \frac{1}{2}\sqrt{3}\, i\right)^3 = \left(-\frac{1}{2} - \frac{1}{2}\sqrt{3}\, i\right)^2 \cdot \left(-\frac{1}{2} - \frac{1}{2}\sqrt{3}\, i\right) =$$
$$= \left(\frac{1}{4} + \frac{1}{2}\sqrt{3}\, i - \frac{3}{4}\right)\left(-\frac{1}{2} - \frac{1}{2}\sqrt{3}\, i\right) =$$
$$= \left(-\frac{1}{2} + \frac{1}{2}\sqrt{3}\, i\right)\left(-\frac{1}{2} - \frac{1}{2}\sqrt{3}\, i\right) =$$
$$= \frac{1}{4} + \frac{3}{4} = 1 \quad \text{(wahr)}$$

2.4 Fundamentalsatz der Algebra und Lösen quadratischer Gleichungen

Der Fundamentalsatz der Algebra macht folgende Aussage:

Fundamentalsatz der Algebra
Jede Gleichung n-ten Grades $(n \geq 1)$ der Form
$f(z) = a_n z^n + a_{n-1} z^{n-1} + \ldots + a_2 z^2 + a_1 z + a_0 = 0,\ a_i \in \mathbb{C}$
hat im Körper $\mathbb{C}$ der komplexen Zahlen genau n Lösungen $z_i \in \mathbb{C}$, $i = 1, 2, \ldots, n$, wobei k-fach auftretende Lösungen k-fach gezählt werden. Daher kann jede solche Gleichung $f(z) = 0$ als Produkt von n Linearfaktoren dargestellt werden, d. h. es gilt:
$f(z) = a \cdot (z - z_1) \cdot (z - z_2) \cdot \ldots \cdot (z - z_n)$

Beispiel Jede Kreisteilungsgleichung $z^n - 1 = 0$ kann in der Form $z^n - 1 = (z - \varepsilon_1) \cdot (z - \varepsilon_2) \cdot \ldots \cdot (z - \varepsilon_n)$ dargestellt werden, wenn ε_i, $i = 1, 2, \ldots, n$ eine n-te Einheitswurzel ist.

Der Fundamentalsatz der Algebra auf **quadratische Gleichungen** angewandt besagt, dass jede quadratische Gleichung im Körper $\mathbb{C}$ der komplexen Zahlen zwei Lösungen besitzt.

Beispiel Bestimme die Lösungen der quadratischen Gleichung $z^2 + 4z + 5 = 0$, $G = \mathbb{C}$, führe eine Probe durch und gib eine Aufspaltung in Linearfaktoren an.

Lösung:
$z^2 + 4z + 5 = 0$
$z_{1/2} = \frac{1}{2}(-4 \pm \sqrt{16 - 20}) = \frac{1}{2}(-4 \pm \sqrt{-4}) = \frac{1}{2}(-4 \pm 2i)$
$\Rightarrow \quad z_1 = -2 + i, \quad z_2 = -2 - i$
Probe:
$(-2 + i)^2 + 4 \cdot (-2 + i) + 5 = 4 - 4i - 1 - 8 + 4i + 5 = 0$ (wahr)
$(-2 - i)^2 + 4 \cdot (-2 - i) + 5 = 4 + 4i - 1 - 8 - 4i + 5 = 0$ (wahr)
Aufspaltung in Linearfaktoren:
$z^2 + 4z + 5 = (z - z_1) \cdot (z - z_2) = (z + 2 - i) \cdot (z + 2 + i)$

3 Abbildungen in der Zahlenebene

Wie es im Bereich der reellen Zahlen reelle Funktionen gibt, die x-Werte (Definitionsmenge $D \subseteq \mathbb{R}$) eindeutig auf y-Werte (Wertemenge $W \subseteq \mathbb{R}$) abbilden, so gibt es dies auch im Körper $\mathbb{C}$ der komplexen Zahlen. Allerdings ist die grafische Darstellung nicht mehr so einfach wie bei den reellen Funktionen, wo man die zusammengehörigen Paare in einem zweidimensionalen x-y-Koordinatensystem darstellen kann. Bei komplexen Funktionen wird die Gauß'sche Zahlenebene auf ein zweites Exemplar abgebildet. Für die Abbildung von Punktmengen werden zuerst die aus der Geometrie bekannten Elemente Gerade und Kreis durch Gleichungen dargestellt. Danach werden komplexe Abbildungen (Funktionen) untersucht.

3.1 Punktmengen in der Gauß'schen Zahlenebene

Die wesentlichen Punktmengen von Kreis und Gerade werden in der Gauß'schen Zahlenebene durch Gleichungen angegeben.

Eine Gleichung $f(z) = 0,\ z \in \mathbb{C}$ stellt in der Regel eine **Punktmenge** dar, z. B. gilt:

$3z - 6 + 2i = 0 \quad \Rightarrow \quad z = -2 + \frac{2}{3}i$: ein Punkt

$z^2 + 1 = 0 \quad \Rightarrow \quad z = +i \lor z = -i$: zwei Punkte

$\mathrm{Re}(z) = 2 \quad \Rightarrow$ Parallele zur Im-Achse im Abstand 2

$\mathrm{Im}(z) = -1 \quad \Rightarrow$ Parallele zur Re-Achse im Abstand –1

Betragsform der Kreisgleichung
Die Menge aller Punkte $z \in \mathbb{C}$ mit $|z-m| = r$ stellt eine Kreislinie um den Mittelpunkt $m \in \mathbb{C}$ mit dem Radius r dar.

Beispiel $|z-(3+i)| = 4$: Mittelpunkt $m = 3+i$; Radius $r = 4$

Wegen
$|z-m|^2 = r^2$
bzw. $(z-m)\cdot(z-m)^* = |z-m|^2$
und $(z-m)^* = z^* - m^*$
ergibt sich $(z-m)\cdot(z^*-m^*) = zz^* - m^*z - mz^* + mm^* = r^2$,
also $zz^* - m^*z - mz^* + mm^* - r^2 = 0$
Der Ausdruck $k = m\cdot m^* - r^2$ ist reell, da $m\cdot m^* = |m|^2$ gilt.
Damit ergibt sich die

Betragsfreie Form der Kreisgleichung
Die Menge aller Punkte $z \in \mathbb{C}$ mit $zz^* - m^*z - mz^* + k = 0$ stellt eine **Kreislinie** um den Mittelpunkt $m \in \mathbb{C}$ mit dem Radius r dar, falls $m\cdot m^* - k = r^2 > 0$, $k \in \mathbb{R}$ gilt.

Beispiel 1. Überführe die Betragsform $|z-(2+i)| = 3$ in die betragsfreie Darstellung.

Lösung:
Es handelt sich um einen Kreis um $m = 2+i$ mit dem Radius $r = 3$ (siehe Bild).

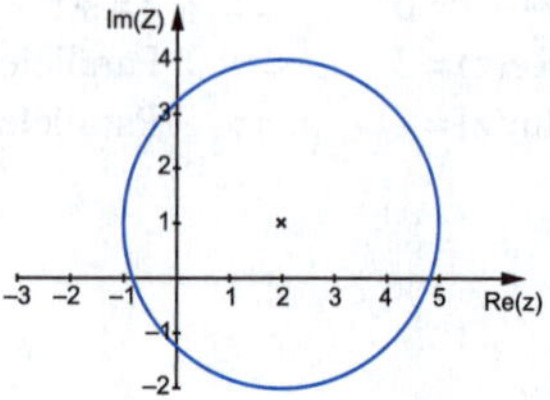

$(z-(2+i))\cdot(z^*-(2-i)) = 9$
$zz^* - 2z + iz - 2z^* - iz^* + 5 = 9$
$zz^* - (2-i)z - (2+i)z^* - 4 = 0$

2. Überführe die betragsfreie Darstellung $zz^* + iz - iz^* - 3 = 0$ in die Betragsform und zeichne den Kreis.

Lösung:
$zz^* + iz - iz + i \cdot (-i) - 3 = i \cdot (-i)$
$(z - i) \cdot (z^* + i) - 3 = 1$
$|z - i|^2 = 4 \Rightarrow |z - i| = 2$
Es handelt sich um einen Kreis um $m = i$ mit dem Radius $r = 2$.

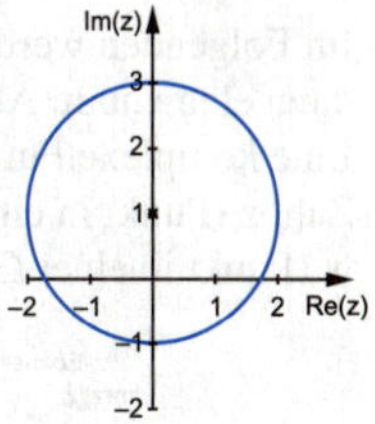

Geradengleichung

Die Menge aller Punkte $z \in \mathbb{C}$ mit $b^*z + bz^* + k = 0$ mit $b \in \mathbb{C} \setminus \{0\}$ und $k \in \mathbb{R}$ stellt eine Gerade dar. Gilt $b^* = \alpha - i\beta$ und $z = x + iy$, dann hat die Gerade in der Gauß'schen Zahlenebene die Gleichung $\alpha x + \beta y + \frac{k}{2} = 0$.

Beispiel

1. Zeichne die Gerade $(1 + i)z + (1 - i)z^* + 2 = 0$.

Lösung:
$b^* = 1 + i$
$\Rightarrow \alpha = 1 \wedge \beta = -1 \wedge k = 2$
$\Rightarrow x - y + 1 = 0$
$\Rightarrow y = x + 1$

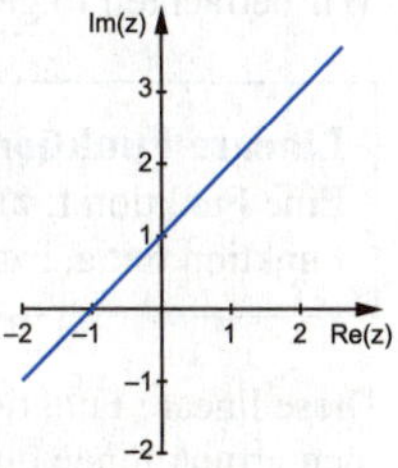

2. Welche besondere Lage hat die Gerade $z + z^* - 2 = 0$?

Lösung:
Wegen $\alpha = 1$, $\beta = 0$ und $k = -2$ hat die Gerade die Gleichung $x - 1 = 0$ $(x = 1)$ in der Gauß'schen Zahlenebene, d. h. sie stellt die Gerade $Re(z) = 1$, eine Parallele zur Im-Achse im Abstand 1 dar.

3.2 Elementare Abbildungen von $\mathbb{C}$ in $\mathbb{C}$

Im Folgenden werden zuerst der Begriff der Abbildung geklärt, dann elementare Abbildungen zusammengestellt.
Eine komplexe Funktion f: $z \mapsto w = f(z)$, $z \in D_f \subseteq \mathbb{C}$ ordnet jeder Zahl z (Punkt in einer Gauß'schen z-Ebene) eindeutig eine Zahl w (Punkt in einer Gauß'schen w-Ebene) zu mit $w \in W_f \subseteq \mathbb{C}$.

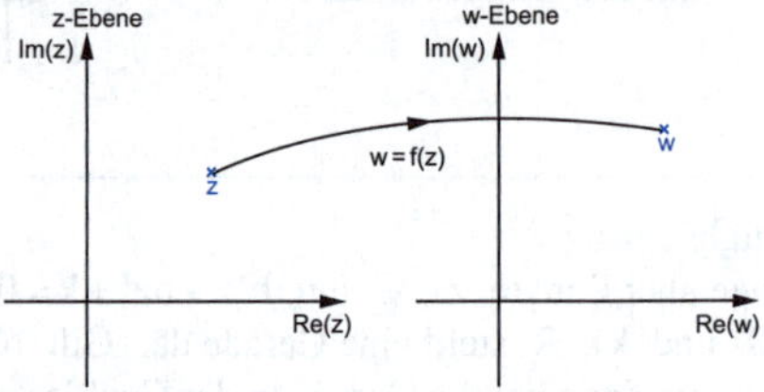

Wenn es keine Verwechslung geben kann, werden beide Bilder in eine Gauß'sche Zahlenebene gezeichnet.

Wir betrachten folgende Abbildungen:

Lineare Funktion
Eine Funktion f: $\mathbf{z \mapsto w = f(z) = az + b}$, $z \in \mathbb{C}$ heißt lineare Funktion mit $a, b \in \mathbb{C}$ und $a \neq 0$.

Diese lineare Funktion setzt sich aus den folgenden beiden Elementarfunktionen durch Verkettung zusammen:

1. $\mathbf{f_1: z \mapsto f_1(z) = z + b}$
   Es handelt sich dabei um eine **Verschiebung** der Punkte z um den Zahlenvektor $b \in \mathbb{C}$.

Beispiel Im Bild ist auf die Kurve k(z) die Abbildung $f_1(z) = z + (0{,}5 + 2i)$ angewendet worden. Es entsteht die Kurve k'(z).

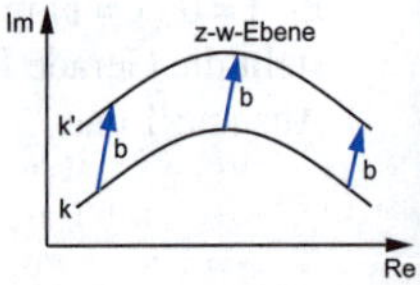

2. **$f_2: z \mapsto f_2(z) = a \cdot z$**
   Wegen $a \in \mathbb{C}$ gilt: $a = |a| \cdot E(\alpha)$ mit $\alpha = \text{arc}(a)$ und $z = |z| \cdot E(\varphi)$ und $a \cdot z = |a| \cdot |z| \cdot E(a + \varphi)$ handelt es sich um eine **Drehstreckung** mit dem Zentrum O, wobei z um den Winkel α weitergedreht wird und dann mit dem Faktor $|a|$ gestreckt wird. Eine Abbildung dazu findet man im Beispiel unten.

   Sonderfälle: Für $|a| = 1$ liegt eine **Drehung** um den Winkel α vor. Für $a \in \mathbb{R}$ $(\alpha = 0)$ liegt eine reine **zentrische Streckung** mit dem Faktor a vor.

Folgerung:
Eine **lineare Funktion $f: z \mapsto w = f(z) = (f_1 \circ f_2)(z) = az + b$** ist eine **gleichsinnige Ähnlichkeitsabbildung**, die sich aus einer **Drehstreckung** und einer **Verschiebung** zusammensetzt. Für $a = 1$ ergibt sich eine **gleichsinnige Kongruenzabbildung**. Jede dieser gleichsinnigen Ähnlichkeitsabbildungen besitzt für $a \neq 1$ einen **Fixpunkt**, für $a = 1$ ergibt sich eine Verschiebung ohne Fixpunkt.

Beispiel

Untersuche die Funktion
$f: z \mapsto w = f(z) = -3iz + (3 - 2i)$.

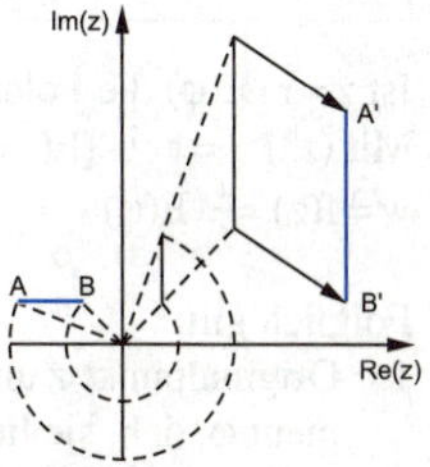

Lösung:
Die Abbildung $w = f(z)$ ist wegen $\alpha = \text{arc}(-3i) = 270°$ und $|3i| = 3$ und $b = 3 - 2i$ eine Drehung um den Winkel 270°, eine Streckung mit dem Faktor 3 und danach eine Verschiebung um $b = 3 - 2i$.
Die Skizze zeigt die Abbildung der Strecke [AB] auf die Strecke [A'B'] mit der oben angegebenen Funktion f.

Eine Funktion **f: $z \mapsto w = f(z) = z^*$** stellt eine **Spiegelung an der reellen Zahlenachse** dar.

Beispiel Die Zahl $z = 2 + 3i$ wird auf $z^* = 2 - 3i$ abgebildet.

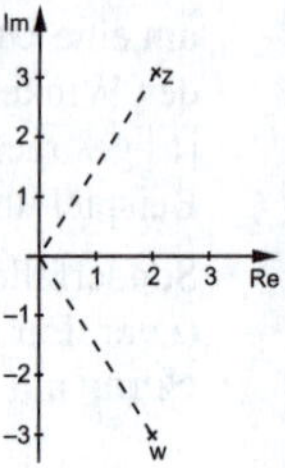

3.3 Abbildung $z \mapsto \frac{1}{z^*}$

Eine typische Abbildung in der Gauß'schen Zahlenebene ist die Spiegelung am Einheitskreis.

Spiegelung am Einheitskreis
Die Funktion **f: $z \mapsto w = f(z) = \frac{1}{z^*}$**, $z \in \mathbb{C}$ stellt eine Spiegelung am Einheitskreis $|a| = 1$ dar.

Ist $z = r \cdot E(\varphi)$ die Polarform der Zahl z, so gilt $z^* = r \cdot E(-\varphi)$.
Mit $(z^*)^{-1} = r^{-1} \cdot [E(-\varphi)]^{-1} = r^{-1} \cdot E(\varphi)$ erhält man
$w = f(z) = \frac{1}{r} \cdot E(\varphi)$

Folglich gilt:
1. Originalpunkt z und Bildpunkt w besitzen das gleiche Argument φ, d. h. sie liegen auf dem gleichen, vom Ursprung ausgehenden Strahl.
2. Die Beträge von Original- und Bildpunkt sind reziprok zueinander.

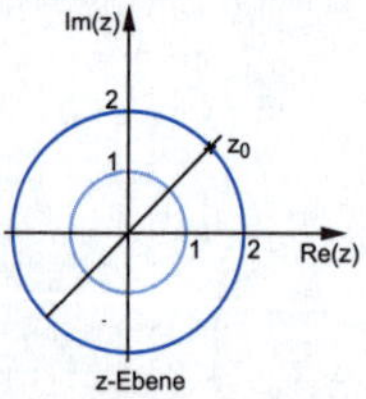

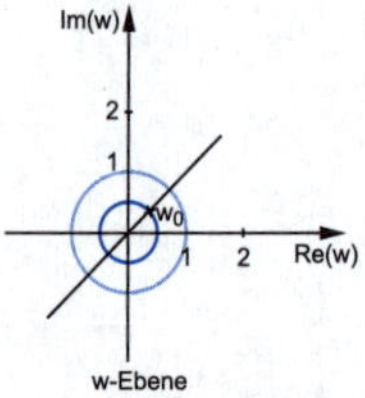

3. Jeder Kreis K wird bei der Spiegelung am Einheitskreis wieder auf einen Kreis K' abgebildet. Enthält ein Kreis K den Ursprung, dann geht K' durch Unendlich und umgekehrt. Für Mittelpunkt m' und Radius r' gilt: $m' = \frac{m}{k}$ und $r' = \frac{1}{r}$, wobei $k = m \cdot m^* - r^2$ der auf Seite 128 definierte Ausdruck ist.
   Ein Kreis K wird dabei auf sich selbst abgebildet, d. h. ist ein **Fixkreis**, wenn $x_0 - r'^2 = 1$ gilt (siehe nebenstehende Skizze), d. h. ein Fixkreis schneidet den Einheitskreis stets rechtwinklig.

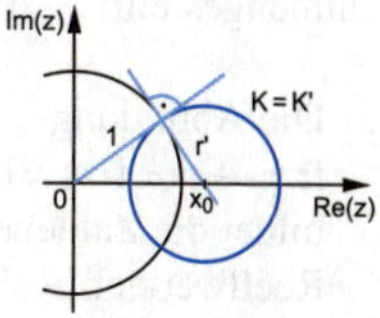

4. Verkettet man die Abbildungen $z \mapsto \frac{1}{z^*} \wedge z \mapsto z^*$, so ergibt sich die Abbildung **f: $z \mapsto w = f(z) = \frac{1}{z}$**. Sie stellt eine Hintereinanderausführung einer Spiegelung an der Reellwertachse und einer Spiegelung am Einheitskreis dar, wobei die Reihenfolge der Hintereinanderausführung der Abbildungen keine Rolle spielt. Diese Abbildung heißt auch **Inversion**.

Beispiel

Der Kreis $zz^* - 2z - 2z^* - 5 = 0$ wird am Einheitskreis gespiegelt. Bestimme für K und den Bildkreis K' jeweils die Mittelpunkte m und m' sowie die Radien r und r'.

Lösung:

$zz^* - zz - 2z^* + 4 = 5 + 4$

$(z - 2) \cdot (z^* - 2) = 9$

K: $|z - 2| = 3 \Rightarrow m = 2; r = 3$

Für K' gilt: $m' = \frac{m}{k} = \frac{2}{5} \wedge r' = \frac{1}{r} = \frac{1}{3}$

$\Rightarrow$ K': $\left| w - \frac{2}{5} \right| = \frac{1}{3}$

3.4 Weitere nichtlineare Abbildungen

Im Folgenden ist eine Auswahl nichtlinearer Abbildungen zusammengestellt.

1. Die Abbildung
   f: $z \mapsto w = f(z) = |z|$, $z \in \mathbb{C}$
   bildet die Zahlenebene auf die Reellwertachse ab.

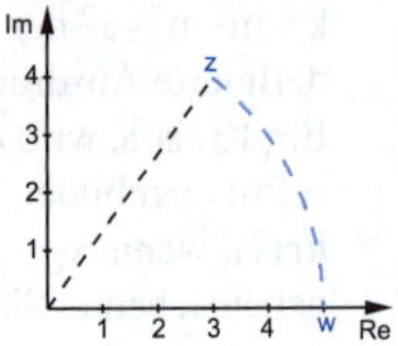

Beispiel $z = 3 + 4i \rightarrow w = |z| = 5$

2. Die Abbildung **f: $z \mapsto w = f(z) = z^2$**, $z \in \mathbb{C}$ bestimmt wegen
   $z = r \cdot E(\varphi) \rightarrow w = r^2 \cdot E(2\varphi)$ für z eine Drehung um den Winkel φ und eine Streckung mit dem Faktor r.
   Die Abbildung f: $z \mapsto w = f(z) = z^n$, $n \in \mathbb{N}, n > 1$ bestimmt aus $z = r \cdot E(\varphi)$ den Bildpunkt $w = \rho \cdot E(\delta)$ mit
   $\rho = r^n \wedge \delta = n \cdot \varphi$.

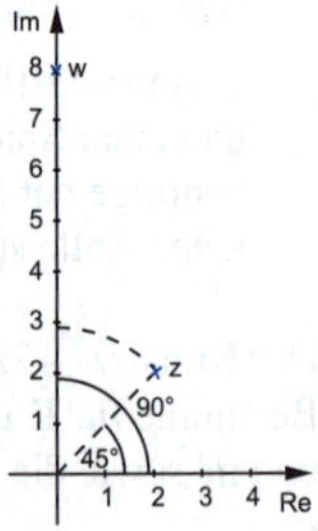

Beispiel Für $z = 2 + 2i$ gilt $w = 8i$ (siehe Skizze)

3. Die Abbildung **f: $z \mapsto w = f(z) = e^z$**, $z \in \mathbb{C}$ lässt sich mit $z = x + iy$ und $w = r \cdot E(\varphi)$ durch die Gleichungen $r = e^x$ und $\varphi = y$ ersetzen.
Daraus folgt, dass z. B. Geraden $Re(z) = x =$ konstant der z-Ebene auf Kreise $r =$ konstant in der w-Ebene sowie Geraden $Im(z) = y =$ konstant der z-Ebene auf Geraden $\varphi =$ konstant in der w-Ebene abgebildet werden (siehe Skizzen).

Beispiel

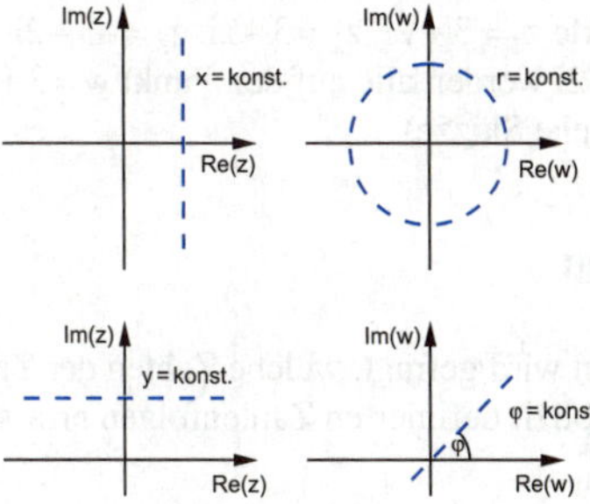

4. Die Abbildung
f: $z \mapsto w = f(z) = \frac{z}{1 + |z|}$, $z \in \mathbb{C}$ bildet die Gauß'sche Zahlenebene in das Innere des Einheitskreises ab, weil $|f(z)| < 1$ gilt. Die Abbildung heißt auch **Schränkungsabbildung**.

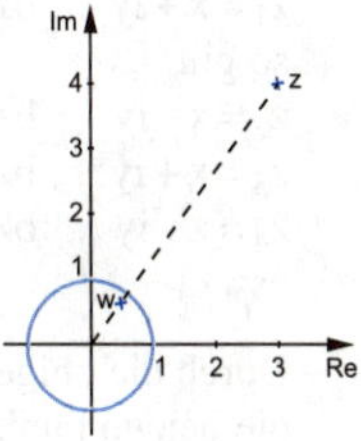

Beispiel

$z = 3 + 4i$ hat das Bild $w = \frac{1}{2} + \frac{2}{3}i$

(siehe Skizze)

5. Die Abbildung **$f: z \mapsto w = f(z) = |Re(z)| + i \cdot |Im(z)|$**, $z \in \mathbb{C}$ bildet die Gauß'sche Zahlenebene auf den 1. Quadranten ab, d. h. alle Punkte w liegen im 1. Quadranten. Diese Abbildung heißt auch **Faltungsabbildung**.

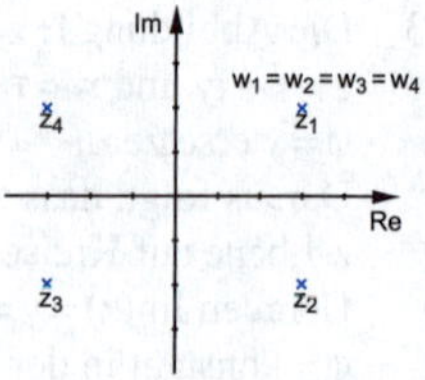

Beispiel Die Punkte $z_1 = 3 + 2i$, $z_2 = 3 - 2i$, $z_3 = -3 - 2i$ und $z_4 = -3 + 2i$ werden alle auf den Punkt $w = 3 + 2i = z_1$ abgebildet (siehe Skizze).

3.5 Iteration

Im Folgenden wird gefragt, welche Zahlen der Zahlenebene durch die implizit definierten Zahlenfolgen erfasst werden.

1. **$z_{n+1} = z_n^*$**

   Beginnt man mit
   $z_1 = x + iy$ bzw. $z_1 = r \cdot E(\varphi)$
   so gilt:
   $z_2 = x - iy$ bzw. $z_2 = r \cdot E(-\varphi)$
   $z_3 = x + iy$ bzw. $z_3 = r \cdot E(\varphi)$
   $z_4 = x - iy$ bzw. $z_4 = r \cdot E(-\varphi)$
   usw.

   Durch die obige Zahlenfolge werden nur die beiden Punkte $z_{2n-1} = z_1$ und $z_{2n} = z_2$ erfasst, obwohl die Zahlenfolge unendlich viele Glieder besitzt.

Beispiel Beginn mit $z_1 = 3 + 2i$ (siehe Skizze).

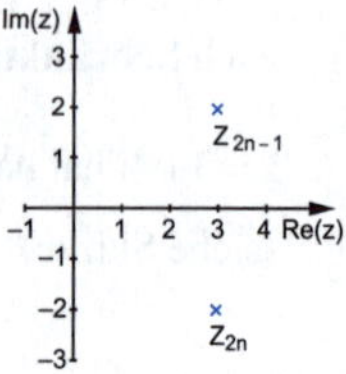

2. $z_{n+1} = i \cdot z_n$

Beginnt man mit
$z_1 = x + iy$ bzw. $z_1 = r \cdot E(\varphi)$
so gilt:
$z_2 = -y + ix$ bzw. $z_2 = r \cdot E(\varphi + 90°)$
$z_3 = -x - iy$ bzw. $z_3 = r \cdot E(\varphi + 180°)$
$z_4 = y - ix$ bzw. $z_4 = r \cdot E(\varphi + 270°)$
$z_5 = z_1$ bzw. $z_5 = r \cdot E(\varphi + 360°)$
usw.

Es werden die vier Punkte $z_{4n-1} = z_1$, $z_{4n-2} = z_2$, $z_{4n-1} = z_3$ und $z_{4n} = z_4$ dargestellt, obwohl die Zahlenfolge unendlich viele Glieder besitzt. Die vier Punkte liegen auf einem Kreis um 0 mit dem Radius $r = |z_i|$.

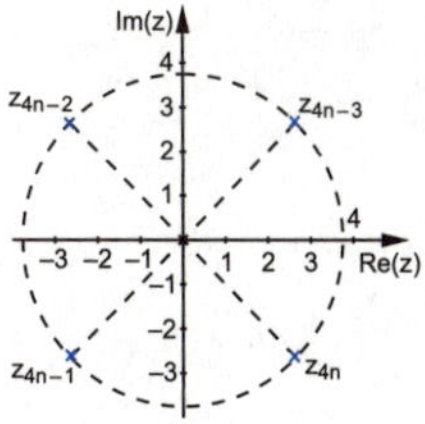

Beispiel Beginn mit $z_1 = 3 + 2i$ (siehe Skizze).

3. $z_{n+1} = z_n^2$

Beginnt man mit $z_0 = r \cdot E(\varphi)$, so gilt:
$z_1 = r^2 \cdot E(2\varphi)$
$z_2 = r^4 \cdot E(4\varphi)$
$z_3 = r^8 \cdot E(8\varphi)$
usw.

Die Punkte liegen auf der Spirale, auf der die Potenzen von z_0 liegen.

Gilt: $|z_0| < 1$: Die Spirale endet im Ursprung.
$|z_0| = 1$: Die Spirale entartet zum Einheitskreis.
$|z_0| > 1$: Die Spirale öffnet sich ins Unendliche.

Beispiel Spirale für $z_0 = 1 + i$ (siehe Skizze).

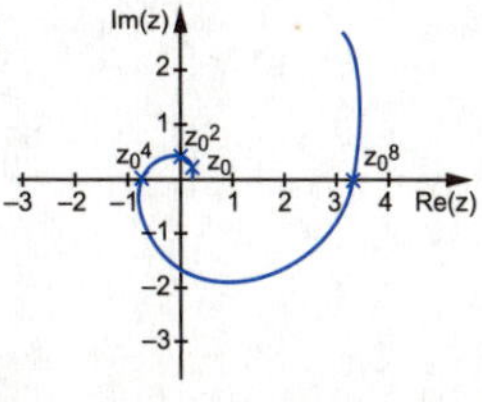

Stichwortverzeichnis

Notizen

Ihre Meinung ist uns wichtig!

Ihre Anregungen sind uns immer willkommen.
Bitte informieren Sie uns mit diesem Schein über
Ihre Verbesserungsvorschläge!

	Seite	Fehler, Vorschlag

(Bitte blättern Sie um)